U0248298

本著作获得广西一流学科（培育）—— 应用经济学、陆海经济一体化协同创新中心资助。

Research on the Optimization of Urban Spatial Structure

Based on the Example of Sichuan Province

# 城镇空间结构优化研究
## —— 以四川省为例

张勇 著

西南财经大学出版社
Southwestern University of Finance & Economics Press

中国·成都

图书在版编目(CIP)数据

城镇空间结构优化研究——以四川省为例/张勇著.—成都:西南财经大学出版社,2019.9

ISBN 978-7-5504-4143-9

Ⅰ.①城…　Ⅱ.①张…　Ⅲ.①城镇—城市空间—空间结构—研究—四川　Ⅳ.①TU984.271

中国版本图书馆 CIP 数据核字(2019)第 205494 号

城镇空间结构优化研究——以四川省为例
CHENGZHEN KONGJIAN JIEGOU YOUHUA YANJIU——YI SICHUAN SHENG WEILI
张勇 著

责任编辑:廖韧
助理编辑:张春韵
封面设计:张姗姗
责任印制:朱曼丽

| | |
|---|---|
| 出版发行 | 西南财经大学出版社(四川省成都市光华村街 55 号) |
| 网　　址 | http://www.bookcj.com |
| 电子邮件 | bookcj@foxmail.com |
| 邮政编码 | 610074 |
| 电　　话 | 028-87353785 |
| 照　　排 | 四川胜翔数码印务设计有限公司 |
| 印　　刷 | 四川五洲彩印有限责任公司 |
| 成品尺寸 | 170mm×240mm |
| 印　　张 | 12.25 |
| 字　　数 | 232 千字 |
| 版　　次 | 2019 年 9 月第 1 版 |
| 印　　次 | 2019 年 9 月第 1 次印刷 |
| 书　　号 | ISBN 978-7-5504-4143-9 |
| 定　　价 | 75.00 元 |

# 摘　要

　　城镇化是现代化的必由之路，是推动区域协调发展的有力支撑，是扩大内需和促进产业结构升级的重要途径，是解决农业、农村、农民问题的重要手段。改革开放以来，中国城镇化发展取得了巨大成就，城镇人口从 1978 年的 1.72 亿人增加到 2013 年的 7.31 亿人，城镇化率从 17.92% 上升到 53.73%，城镇化率基本达到世界平均水平。而城镇空间是城镇化发展和推进的物质载体，是社会经济活动的空间载体，城镇空间形态单一、城镇空间密度偏高、城镇空间地域结构和空间规模结构不合理，将阻碍城镇要素合理流动和城镇化发展。一方面，经济全球化和区域经济一体化深入推进，加速了资源和要素在全球范围内的优化配置，而以跨国公司为主体的投资和产业转移则是在一定的时间、空间的约束条件下，在全球范围内选择最佳区位布局，一般通过上下游产业和关联产业在城镇集聚，形成具有一定规模、功能和形态的城镇空间，并随着生产要素、政策条件、市场环境和文化价值观念的变化而变化。另一方面，党和国家高度重视中国特色城镇化发展的战略作用，党的十六大提出"走中国特色的城镇化发展道路"，党的十七大进一步补充为"按照统筹城乡、布局合理、节约土地、功能完善、以大带小的原则，促进大中小城市和小城镇协调发展"，党的十八大明确提出"新型城镇化"概念并且提出"城镇化是未来中国经济增长的核心动力"，党的十八届三中全会提出健全国土空间开发、推动形成人与自然和谐发展的现代化新格局，形成以工促农、以城带乡、工农互惠、城乡一体的新型工农城乡关系，完善城镇化健康发展的体制机制。2013 年，中央城镇化工作会议明确指出，要以人为本，推进以人为核心的城镇化建设；要优化布局，根据资源环境承载能力构建科学、合理的城镇化宏观布局，把城市群作为城镇化的主体形态，促进大中小城市和小城镇合理分工、功能互补、协同发展，并按照促进生产空间集约和高效、生活空间宜居和适度、生态空间山清水秀的总体要求，形成生产、生活、生态空间的合理结构。可见，城镇空间结构优化问题已得到党和国家的高度重视，城镇空间结构布局与优化调整将为提高新型城镇化质量、统筹城乡关系、协调大中小城镇发展提供基础和保障。

本书选取四川省为研究对象，主要因为四川省是西部大开发和内陆开放的重要"桥头堡"，是拉动西部地区经济增长的重要"火车头"，是西部地区经济发展的重要"加速器"，是全国最重要的能源供给和保障基地，是长江上游最重要的生态屏障。四川省作为中国重要的经济、工业、农业、军事、旅游、文化大省，对其城镇空间结构的科学布局和优化调整，有利于探索中国西部地区新型城镇化路径，从而推动新一轮西部大开发。同时，可以为四川落实"三大战略"提供政策参考，可以为四川促进区域协调发展增添新的视角和思路，也可以为其他区域城镇空间结构优化提供借鉴。

本书的研究主要是以一个总体目标为核心，通过三个层次、三条线索、三大检验和三大机制来对总体目标展开研究。具体来讲，本书从宏观、中观和微观三个层次，以城镇空间密度、城镇地域与空间规模、城镇空间形态为三条线索，通过空间引力模型、功效函数与协调函数、空间滞后模型三大检验得出四川城镇空间结构现实格局、评价结果及城镇空间结构影响因素的显著性，并用政府作用机制、市场配置资源机制与社会协调机制三大机制去解决和理顺城镇空间结构优化的各种体制机制障碍，最终实现以特大城市为核心、区域中心城市为支撑、中小城市和重点镇为骨干、小城镇为基础的总体目标。本书结构安排如下：

第一、二部分为导论、理论部分，主要包括城镇空间内涵及其概念的界定、城镇空间基本理论、城镇空间结构优化评价方法和城镇空间机制研究。其中：第1章对城镇空间结构优化的研究背景、范围和意义进行说明，并根据国内外的研究成果梳理本书的创新之处和不足之处。第2章对城镇的结构基本理论进行分析，构建本书研究的理论基础，清晰地界定城镇空间结构、城镇空间密度、城镇空间功能和规模结构以及城镇空间形态等概念，并在基本理论的指导下分析理论对城镇空间结构优化的启示。第3章探讨城镇空间结构优化的内涵和指标评价体系，以基本理论为支撑和指导，构建城镇空间结构优化的总体目标，并阐述城镇空间结构优化的内容和分析框架，初步介绍熵技术修正下的层次分析法和指标体系构建，为后文的研究做好理论准备。第4章对城镇空间结构优化机制进行研究，从理论上厘清机制的内涵和要素，通过对政府作用机制、市场配置资源机制和社会公众协调机制三个方面进行综合分析，为后文分析四川城镇空间结构优化的体制机制障碍做好理论铺垫。

第三、四部分为实证部分、对策建议部分，主要包括四川城镇空间结构的历史演变和现实格局，三大检验对城镇空间结构的影响因素及关于其显著性的研究、四川城镇空间结构优化的机制及其问题、四川城镇空间结构优化的总体思路、宏观路径和当前的政策措施。其中：第5章研究四川省城镇空间结构的历史演变和现实格局，在简述中国城镇空间结构演变的基础上，重点分析各个阶段四川城镇空间结构优化的演变及其现实格局，并总结四川城镇空间结构布局的特征。第6章是本书的核心实证部分，通过空间引力模型探讨城镇空间结构现实格局的具体类型，通过功效函数与协调函数判断四川城镇空间结构所处的具体阶段，通过空间滞后模型（SLM）对影响四川城镇空间结构优化的指标进行显著性分析，在实证研究的基础上对四川城镇空间结构优化面临的问题进行分析。第7章研究四川城镇空间结构优化的机制及其问题，通过前文对机制的研究，逐一比较分析，以便厘清四川城镇空间结构优化中的政府作用机制、市场配置资源机制和社会公众协调机制所存在的障碍，并在实证结果的基础上对四川城镇空间结构优化所存在的问题进行分析。第8章为本书的对策建议部分，通过对三大机制和主要问题的深入剖析，明确四川省城镇空间优化的总体思路，包括优化的原则、内容和重点等，探索城镇空间结构优化的宏观路径，并对当前面临的紧迫问题提出了相应的对策建议。第9章为本书的结论部分，通过对全书的梳理与总结，得出本书研究的结论并提出研究展望。

本书围绕四川城镇空间结构优化的总体目标，以城镇空间结构理论为指导，着力在城镇空间密度、城镇空间地域规模结构以及城镇空间形态三条线索的基础上进行新的探索：一是从研究单个城市空间结构优化扩展到研究四川省范围内的城镇空间结构优化和布局问题，对城镇空间地域结构和规模结构展开了探讨，并对城镇在整个城镇空间的系统功能、作用及其优化问题进行了研究；二是构建起了四川城镇空间结构优化的指标评价体系，并得出四川城镇空间结构优化所处的阶段，以便分析四川城镇空间结构优化的内容和重点；三是厘清了推进四川城镇空间结构优化中的政府作用机制、市场配置资源机制和社会公众协调机制，并对三大机制如何推进城镇结构优化做了详细探讨；四是考虑了空间因素对四川城镇空间结构的影响，运用空间计量经济分析，加入了空间权重矩阵，对影响四川城镇空间结构的因素做了客观的检验和分析，提高了模型解释的可信度。因此，本书的研究可以为深入推进新型城镇化建设提供新的思路和视角，可以为四川落实"三大战略"提供政策参考，可以为其他区域的城镇空间结构优化提供有益的借鉴。

**关键词：城镇空间结构　城镇空间密度　城镇空间形态　城镇空间规模**

# 目　录

# 1 导论

## 1.1 研究背景与意义

### 1.1.1 研究背景

#### 1.1.1.1 经济全球化和区域经济体一体化背景

经济全球化和区域经济一体化是以跨国公司和国际金融组织为载体，以信息、资金、劳动力、技术等要素的全球配置和资源整合为对象，以跨国公司选址布局的全球化和区域化为重点，使企业生产、投资和贸易活动实现跨国界、跨区域的整合。一方面，跨国公司的投资和产业布局会带动关联产业和上下游产业的集聚，并以生产性和生活性服务业为主要表现形式，促进企业和居民集中，使城镇开始形成和发展，并最终影响城镇空间的地域结构、规模结构和功能结构。另一方面，随着区域生产要素、政策条件和市场环境的变化和发展，跨国公司会通过产业转移的方式选择最优的区位，实现企业利润最大化；而在竞争的作用下，会产生企业间、地区间和产业间的分工和合作，进而加快区域经济一体化步伐。产业转移会伴随着技术和要素的空间扩散，从而产生劳动地域分工，促使地区专业化，而区域经济一体化又使得城镇大小、密度和规模产生相应变化。这都促进了城镇空间密度、城镇空间功能和城镇空间规模的发展和变迁。

然而，跨国企业的原始选址和随之而来的产业转移大都追求经济利益最大化，在地方"GDP冲动"思维的影响和助推下，容易导致投资和城镇空间结构按照既有的发展模式和路径惯性发展，从而出现城镇空间布局不合理、城镇空间形态单一和城镇空间结构不协调等问题。国家发改委报告称，2013年以来，中国非金融领域实际吸收外资1 176亿美元，同比增长5.3%，而国家工商总局报告称，2013年，外商投资企业44.6万户，增长1.21%，注册资本

12.36万亿元,增长4.56%,新登记注册的外商投资企业仅有3.63万户。而四川是西部地区吸引外资最多的省份,2013年实际利用外资首超100亿美元,落户四川的境外世界500强企业有269家,其中新增境外世界500强企业有13家,在川落户的境外世界500强企业的总数达200家。以跨国公司为载体的外商直接投资的进入会使城镇空间结构发生深刻变化,正如何兴强、王利霞[①](2008)研究所得出的结论,外商直接投资存在显著的空间效应,城镇规模大小受到周边城镇外商直接投资增量的影响。

因此,经济全球化和区域经济一体化进程是城镇发展和城镇空间结构变迁的重要动力,研究城镇空间结构优化的问题必须考虑经济全球化和区域经济一体化的宏观背景和时代特征。而经济全球化和区域经济一体化是经济社会发展不可逆转的潮流,因此,在城镇规划和城镇治理方面需要清晰地定位城镇空间形态,合理地控制城镇空间密度,科学地优化城镇空间结构,使城镇空间发展和优化达到经济、社会、环境和生态利益的协调统一。

### 1.1.1.2 新型城镇化快速推进的时代背景

中国城镇化发展取得了巨大成就,城镇人口从1978年的1.72亿人增加到2013年的7.31亿人,城镇化率从17.92%上升到53.73%,城镇化率基本达到世界平均水平,这些成就与党和国家对城镇化的深刻认识和决策部署是密不可分的。党的十六大提出"走中国特色的城镇化发展道路",党的十七大进一步补充为"按照统筹城乡、布局合理、节约土地、功能完善、以大带小的原则,促进大中小城市和小城镇协调发展",党的十八大强调"新型城镇化"概念,并且提出"城镇化是未来中国经济增长的核心动力",党的十八届三中全会提出健全国土空间开发、推动形成人与自然和谐发展的现代化新格局,形成以工促农、以城带乡、工农互惠、城乡一体的新型工农城乡关系,完善城镇化健康发展的体制机制。2013年,中央城镇化工作会议明确指出,城镇化是现代化的必由之路,要以人为本,推进以人为核心的城镇化;要优化布局,根据资源环境承载能力构建科学合理的城镇化宏观布局,把城市群作为城镇化的主体形态,促进大中小城市和小城镇合理分工、功能互补、协同发展。按照促进生产空间集约高效、生活空间宜居适度、生态空间山清水秀的总体要求,使生产、生活、生态空间形成合理的结构。

由以上可以看出,党的十八大以来,新型城镇化主要是要解决城镇面临的

---

① 何兴强,王利霞. 中国FDI区位分布的空间效应研究 [J]. 经济研究,2008 (11): 137-150.

诸多问题。由于各种主客观原因，城镇化发展问题主要表现为：一是生态环境问题，城镇化对自然资源和生态环境的保护不够，使得生态承载力不堪重负①，空气污染指数居高不下，使得城镇发展偏离了"环保主义"和"美丽主义"的诉求，既导致城镇居民生产环境恶化，又导致城市竞争力下降。二是城市建设问题，城市政府依赖土地财政和政府融资平台，"摊大饼"式地推进土地城镇化，土地城镇化与人口城镇化速度极不匹配，盲目造城问题突出，导致城市房地产泡沫化、畸形化，政府债务风险问题日益严峻。三是城镇空间结构不合理，各类城镇空间联系无序，城镇化过度依靠超大城市、大城市，而不是城市群或者大都市圈，既容易导致大城市集中爆发"城市病"问题和城市群体性事件，客观上又提高了城市间人员、资源和信息交流的交易成本。四是城镇管理问题，农村剩余劳动力向城镇转移，不是依靠长期性、稳定性的家庭式迁移，而是依靠不稳定的钟摆式和候鸟式的人口流动，既给交通和城市管理造成了很大的压力，客观上又遗留了留守儿童、留守老人和留守妇女等一系列社会问题。

2013 年，中央城镇化工作会议强调"新型城镇化"概念，主要是要解决城镇化发展存在的弊端和问题。新型城镇化就是要由过去片面追求城市规模扩大、空间扩张，改变为以提升城市的文化②、公共服务等内涵为中心，真正使我们的城镇成为具有较高品质的适宜人们居住之所，其本质是用科学发展观来统领城镇化建设。而城镇空间是城镇化的空间载体，城镇空间结构不合理将导致城镇生态、城镇建设和城镇管理存在"空间摩擦"，将导致要素流动低效、城镇建设非理性、城镇治理存在"盲区"。新型城镇化的主要目标、重点任务和具体部署需要依靠清晰的城镇空间形态、合理的城镇空间密度和科学的城镇空间结构来完善和落实。若城镇空间结构不合理，新型城镇化就无法落到实处。因此，应继续深入推进"两化"、城乡统筹发展战略，继续贯彻"五个统筹""五项改革"，完善城乡规划体系，推进县域全域规划，统筹城乡产业发展，健全产城融合机制，增强中小城市和重点城镇的产业承载，继续优化城镇布局和城镇形态，以"四大城镇群"为主体形态，支持做大一批区域中心城市，推动大中小城市和小城镇协调发展，打造一批工业重镇、商贸强镇和旅游名镇。

---

① 张炜.略论自然保护区生态旅游发展问题 [J]. 财经科学，2002 (7)：386-387.

② 张炜，张勇，刘嘉汉.文化产业投资及其政策研究 [J]. 中共成都市委党校学报，2013 (3)：62-66.

1.1.1.3 四川省深入实施"三大战略"的背景

近几年来，全省人民万众一心、众志成城，战胜了汶川特大地震灾害和雅安芦山地震灾害，经济社会发展取得了显著成就，社会保持和谐稳定，人民生活水平不断提高。2013 年，实现国内生产总值 2.63 万亿，按可比价格计算，比上年增长 10%，增速比全国平均水平快 2.3 个百分点。然而，四川"人口多、底子薄、不平衡、欠发达"的基本省情没有根本改变，工业化和城镇化进程落后于全国，产业层次偏低，科技创新能力不强，经济外向度不高，与全国同步全面建成小康社会的任务尤为艰巨繁重。如何解决当年和今后一段时间的突出问题和矛盾？答案是："三个战略"——多点多极支撑发展战略，"两化"互动、城乡统筹发展战略，创新驱动发展战略。多点多极支撑是总揽，"两化"互动、城乡统筹是路径，创新驱动是动力①，三者是相互促进、共同发展的一个有机整体，有利于促进四川从经济大省向经济强省跨越，从总体小康向全面小康跨越。

多点多级支撑发展战略是要解决四川区域发展不平衡、不协调的问题，构建竞相跨越的奔小康新格局。需要四川省内的成都平原城市群、川南城市群、川东北城市群、攀西城市群的发展与整合；需要省内 21 个市、州充分发挥比较优势，激活市、州发展活力。优化和协调各大城市群内部的城镇空间结构以及 21 个市、州的城镇空间发展，是贯彻落实多点多级支撑发展战略的关键和突破口。优化调整城镇空间结构，应通过减少要素流动成本、提高区域生产效率的方式，最终塑造城镇"点"和城市"极"，以良性循环、运转有序的城镇和空间为载体，实现产业、城镇、人口的协调发展。

"两化"互动、城乡统筹发展战略是要解决发展不协调、城乡二元分割问题，走出"四化"同步发展的新路子。推进工业强省、产业兴省，走新型工业化道路，做大做强七大优势产业，培育特色鲜明的产业集聚区，需要通过城镇空间结构的优化调整和规划布局，引导产业结构优化布局。强化规划引导，切实解决城乡二元分割状况，通过城镇空间结构优化调整，把城市群作为四川新型城镇化建设的主体形态，构建以特大城市为核心、区域中心城市为支撑、中小城市和重点镇为骨干、小城镇为基础，布局合理、层级清晰、功能完善的现代城镇空间格局。

推进创新驱动发展战略，是要解决后劲不足、持续性不够的问题，增强四川全面跨越提升的动力和活力。四川已进入由要素驱动向创新驱动过渡的发展

---

① 李后强. "三大发展战略"是科学发展观的重要体现 [N]. 四川日报，2013-05-24 (6).

阶段，创新驱动是经济和社会发展的动力，也是城镇空间结构优化调整的动力，需要推进体制机制创新，加强科技创新，促进开放与合作，为城镇空间结构优化注入新的动力和活力。

因此，四川城镇空间结构优化必须在"三大战略"的时代背景下，通过优化产业空间布局、引导人口合理流动、正确引导城镇规划等综合手段实现城镇空间结构的优化，并最终解决四川全面、协调、可持续发展的根本问题。

### 1.1.2　研究对象

本书的研究对象四川省，位于中国西部地区，地处长江上游，东西长1 075千米，南北宽921千米，与7个省（区、市）接壤，北连青海、甘肃、陕西，东邻重庆，南接云南、贵州，西接西藏，四川行政区范围内主要包括四大城镇群，分别是成都平原城镇群、川南城镇群、川东北城镇群和攀西城镇群。四川是中国重要的经济、工业、农业、军事、旅游、文化大省，也是"中国西部综合交通枢纽""中国西部经济发展高地"。2012年，四川的经济总量位居西部第一，全国第八，其综合实力位居西部地区首位。研究四川城镇空间结构优化问题，有利于探索中国西部地区新型城镇化路径，从而推动新一轮西部大开发。本书主要研究四川省行政区范围内的城市、区县和建制镇的空间结构优化问题，主要涉及21个市、州和成都平原城镇群、川南城镇群、川东北城镇群、攀西城镇群四大城镇群。

### 1.1.3　研究意义

#### 1.1.3.1　理论意义

城镇是社会经济活动的空间载体，是一定区域范围内的经济活动中心，城镇空间形态单一、城镇空间密度偏高、城镇空间地域结构和城镇空间规模结构不合理，将阻碍社会经济活动高效、有序地进行。然而，现有的对区域空间结构优化的研究成果主要是城市内部空间结构优化[1]、经济空间结构优化[2]，将城镇空间结构作为研究对象的成果还相对较少。因为城镇既包括城市，又包括通过交通、网络、信息流和物流与城市发生物质能量交流的县城和建制镇等。因此本书将城镇空间作为研究对象，将研究范围和视角扩大，更有利于从理论上厘清城镇空间的本质以及城镇空间结构优化对产业布局、城镇发展和新型城

---

① 叶强，鲍家声.论城市空间结构及形态的发展模式优化——长沙城市空间演变剖析 [J].经济地理，2004，24（4）：480-484.

② 廖婴露.成都市经济空间结构优化研究 [D].成都：西南财经大学，2009.52-64.

镇化的重要作用。首先，本书将构建城镇空间结构指标评价体系，通过功效函数法对城镇空间结构进行多指标综合评价分析，按照一定的方法将指标进行无量纲化处理，使得城镇空间的评价具有一致性和可比性，有利于研究城镇空间结构优化的评价结果。其次，本书提出了城镇空间结构优化的总体目标——构建以特大城市为核心、区域中心城市为支撑、中小城市和重点城镇为骨干、小城镇为基础的城镇空间结构，总体目标是本书研究的脉络和主线，使得城镇空间结构优化的目标清晰，有利于从理论上明确城镇空间结构优化的重心和方向。再次，本书通过城镇空间结构优化机制的探索，厘清城镇空间形态单一、城镇空间密度差异大和城镇空间结构无序等产生和发展的体制机制障碍，以便采取全面、综合和可操作的措施来明确城镇空间结构优化的政府作用机制、市场配置资源机制、社会公众协调机制。因此，对城镇空间结构优化的研究有利于从理论上进一步认识空间资源的重要作用，以便在城镇规划布局、产业结构调整、经济发展方式转变等方面提高城镇空间载体的利用效率，加强空间管制，减少经济运行的成本。

### 1.1.3.2　现实意义

四川正处于工业化、城镇化的"双加速"时期，面临国家推进新一轮西部大开发、实施扩大内需战略、建设成渝经济区和天府新区等重大机遇，四川正处于落实"十二五"规划的关键时期，正处于深入实施"三大发展战略"，从经济大省向经济强省跨越、从总体小康向全面小康跨越的关键时期。而经济增长和社会经济活动都需要落实在具体的空间范围内，城镇空间的高效利用将有利于提高经济运行效率和新型城镇化的质量和水平，本书研究的现实意义具体表现为：

一是可以为四川落实"三大战略"提供政策参考。四川城镇空间结构优化的目的是在城镇发展基础、交通状况和区域环境等综合因素的作用下探索适合各个地区城镇发展的空间形态、空间密度、空间结构，将有利于做强市州经济梯队，做大区域经济板块，形成强有力的经济支撑点，培育新的经济增长极，在提升四川首位城市的同时，挖掘各个城镇的经济发展潜能，着力次级突破，夯实底部基础，大力提高城镇综合承载能力，提高城镇管理科学化水平，完善"四大城镇群"规划，优化全省城镇布局，把城市群作为主体形态，构建以特大城市为核心、区域中心城市为支撑、中小城市和重点镇为骨干、小城镇为基础，布局合理、层级清晰、功能完善的现代城镇体系，以便为"三大战略"的贯彻落实提供决策参考。

二是可以为四川促进区域协调发展增添新的视角和思路。四川区域经济发展不平衡、差异大，需要通过对城镇空间进行科学规划和对城镇进行合理布局，引导人口、产业、资金和技术的流动，协调各城镇空间的功能结构、规模结构，发挥各个区域和城镇版块的资源禀赋优势，激发各个区域发展的活力。四川城镇空间结构优化调整还将有利于提高各项区域发展规划和差异化政策的科学性和合理性，使得天府新区、川南、川东北"三大新兴增长极"在保持各地竞相发展态势时更加重视城镇空间形态的定位、城镇空间密度的优化和城镇空间规模的控制，最终达到城镇的全面、协调和可持续发展。通过理顺城镇空间结构优化机制，加强省级统筹协调，强化重点区域发展保障，从重大产业布局、建设用地指标、要素保障、组织领导等方面完善城镇空间布局，为四川区域经济协调发展提供新的视角和思路。

三是可以为其他区域城镇空间结构优化提供借鉴。不同的区域之间既具有异质性，又具有同质性，不同地区城镇发展的基础不同、层次不同、质量不同，但依旧有着诸多相同的特征。因此，四川城镇空间结构优化具有特殊性，也具有普遍性，城镇空间结构优化目标、城镇空间结构优化指标体系和城镇空间结构机制等可以为其他区域城镇空间结构优化提供借鉴。

## 1.2 城镇空间结构优化研究的文献综述

### 1.2.1 国外文献综述

从 20 世纪开始，西方地理学者开始关注城镇空间的研究，如沙里宁（E. Saarinen）的有机疏散理论[1]、哈里斯（C. D. Hanis）的多核心模式[2]等理论极大地推动了城镇空间研究的发展。20 世纪 50 年代，城镇空间从城镇连绵带扩展到城镇群，戈特曼（Guttmann）基于美国东海岸城镇空间形态、空间组织以及城镇经济联系，提出了"大都市连绵带"的概念，并预测大都市连绵带将是城镇空间结构发展的必然过程[3]。乌尔曼（E. Ullman）提出利用空间相互作用理论解释城镇空间的扩展机制，城镇之间所发生的商品、人口与劳动力、资

① ELIEL SAARINEN. The city: its growth, its decay, its future [M]. New York: Reinhold Publishing Corporation, 1994.

② HARRIS C D, ULLMAN E L. The nature of cities [J]. The Annals of the American Academy of Political and Social Science, 1945, 242 (1): 7-17.

③ GOTTMAN J. Megaoloplis: the urbanized northeastern seaboard of the united states [M]. Cambridge: The MLT Press, 1961.

金、技术等相互传输行为，对城镇之间联系和城镇空间演进有着很大的影响。一方面，城镇空间相互作用能够促使城镇加强联系，拓展城镇发展的空间；另一方面，城镇空间相互作用又会引起城镇竞争资源、要素和发展机会①。西方学者也研究了城镇最佳规模，最具有影响力的是巴顿（K. J. Buton），他从人口的角度探索了最佳城镇人口规模，其选择标准分别是当局开支最小、居民享有的纯效益增至最大、尽量考虑迁入居民的纯效益和对私人企业目标的满足。20 世纪 80 年代，城镇空间的无序蔓延成为西方学者关注的重要内容，城镇空间规模的扩展过程、格局及其机制受到了重视。阿林豪斯（S. Ar Linghaus）于 1985 年运用城镇空间分形理论证明了中心地理论的几何形态是分形几何中分形曲线的一个子集，并用数学证明了廖什（即勒施）体系可由分形生成。巴蒂（M. Batty）于 1988 年探讨了城镇边界线、土地使用的形态和城镇空间形态与增长等问题②。邓卓那斯采用生态学模型分析了美国城镇空间扩展的动力学过程，可以对城镇各要素指标变化进行模拟。内坎普和雷加尼采用 logistic 模型、lorenz 模型描述城镇空间扩展的生命周期、空间作用等现象③。

20 世纪 90 年代，在经济全球化的推动和影响下，城镇空间进一步向区域化和网络化演变，学者们研究的重点由空间关系变为了空间机制，研究的空间尺度逐步扩展为跨国界和跨区域研究④。麦吉（T. Mc Gee）对东南亚城镇密集区的系统研究提出了"城乡融合区"的概念。林奇（K. Lynch）提出了构建扩展大都市模式⑤，弗里德曼（J. Friedmann）通过对城镇等级体系的系统研究，指出城镇空间职能将成为跨国公司纵向生产地域分工的体现。范吉提斯（Y. Pyrgiotis）、昆曼（K. Kunzmann）与魏格纳（M. Wegener）对经济全球化与区域经济一体化背景下跨国网络化城镇体系进行了研究⑥。

国外文献对城镇空间结构的研究开创了城镇空间结构研究的基本框架和范式，对城镇空间布局模式、城镇空间形态、城镇空间组合和城镇空间联系的系

① ULMAN E L. American commodity flow Seattle ［M］. Washington D. C.：University of Washington Press，1957.

② BATTY M，Longly P A. The morphology of urban land use ［J］. Environment and Planning B：Planning and Design，1988（15）：461-488.

③ NIJKAMP P，REGGIANI A. Dynamics spatial interaction models：new directions ［J］. Environment and Planning，1988，20（1）：1449-1460.

④ 车前进，段学军，等. 长江三角洲地区城镇空间扩展特征及机制 ［J］. 地理学报，2011，66（4）：446-455.

⑤ LYNCH K. Good city form ［M］. Cambridge：MIT Press，1981.

⑥ ALBRECHTS L，HEALEY P，KUNZMANN K R. Strategic spatial planning and regional governance in Europe ［J］. Journal of the American Planning Association，2003，69（2）：113-129.

统研究，为本书的研究提供了很好的切入点。对人口规模和土地利用状况的研究，为探索城镇空间规模和形态提供了有效的思路。而对空间相互作用理论和分形理论的研究，为本书研究城镇空间结构优化提供了科学、客观的度量方法。然而国外的文献毕竟是探索国外城镇空间发展的具体研究，由于国情不同、社会制度不同、市场在城镇空间结构演化中的作用、地位和效率不同，都导致了四川城镇空间结构的研究不能照搬国外研究的结论和成果，而需要结合具体国情和实践特征对城镇空间结构展开切实可行的研究。

### 1.2.2　国内文献综述

#### 1.2.2.1　对城镇空间的研究现状

一是强调城镇空间作为经济社会活动的空间载体和空间投影。如陈田（1992）认为，城镇空间结构是地域范围内城镇之间的空间配置形式，是社会结构和自然环境特征在城镇载体上的空间投影[1]。沈玉芳（2008）以长三角为研究范围，强调了转变经济发展方式和产业结构升级必须要有合理、有序的城镇空间作为支撑和载体，基础设施网络、市场体系和产业组织网络是推动城镇空间结构优化的主要抓手[2]。李松志、张晓明（2009）强调城镇空间扩展和空间资源优化是城镇化在地域空间上的具体反映，以龙川县为例分析了其城镇空间的现状特征和存在问题，从城镇空间拓展方向、景观空间与功能分区等方面提出优化方案[3]。车前进、段学军等（2011）强调城镇空间扩展是城镇化作用于地理空间的直接结果，并利用分形维数、间隙度指数、扩展速度指数、扩展强度指数和空间关联模型揭示了区域城镇空间扩展的多样性。

二是分析社会经济因素或现象与城镇空间的相互作用关系。如周可法、吴世新（2002）运用 RS 和 GIS 技术方法研究了新疆城镇空间变化，根据对土地利用的调查与分析研究了城镇空间的变化情况[4]。谢守红（2003）强调了高速公路在城镇空间布局中的重要作用，提出应采取点轴布局模式，以更好地带动湖南城镇地域空间的发展[5]。杜宏茹、张小雷（2005）对新疆 87 个城镇的集

---

① 陈田. 省域城镇空间结构优化组织的理论与方法 [J]. 城市问题. 1992 (2)：7-15.

② 沈玉芳. 产业结构演进与城镇空间结构的对应关系和影响要素 [J]. 世界地理研究，2008，17 (4)：17-25.

③ 李松志，张晓明. 欠发达山区城镇空间结构的优化研究——以粤北山区龙川县城为例 [J]. 城市发展研究，2009，16 (1)：60-63.

④ 周可法，吴世新. 基于 RS 和 GIS 技术下城镇空间变化分析及应用研究 [J]. 干旱区地理，2002，25 (1)：61-64.

⑤ 谢守红. 湖南省的城镇空间布局 [J]. 城市问题，2003 (2)：26-29.

聚能力进行度量及评析，表明其城镇空间呈现出极化趋势，中心城市对周边城镇空间的集聚作用很强，且这种极化效应深受绿洲扩展、资源开发和政治因素的影响①。张国华、李迅等（2009）探讨了综合交通规划与城镇空间结构的相互关系，综合交通设施加快了城镇空间的形成和演化，形成城镇空间发展带，促进了城镇空间结构的升级②。沈玉芳（2011）基于产业结构升级和城镇空间模式协同发展的视角，分析了长三角区域城镇空间结构的特征，并提出了优化和重构的目标与思路③。钟业喜、尚正永（2012）应用分形方法，依据城镇空间分布的向心性、均衡性和城镇要素相关性测算了鄱阳湖生态区城镇空间结构分形特征的集聚维数、网格维数和关联维数，提出了强化中心、轴线发展、圈层优化的发展战略④。郑卫、邢尚青（2012）从土地产权的角度探讨了城镇空间的一个新现象——空间碎化现象，认为集体土地所有制的产权设计使得土地使用具有低廉性和排外性，限制了经济要素的自由流动，是导致城镇空间碎化形成的关键原因⑤。

三是依据演化规律、动力机制、表现特征或类型等分析城镇空间的具体属性。陈涛、李后强（1994）通过城镇空间体系的 Koch 模型对中心地理论进行修正，其优点是能反映城镇空间变化的动态性，能模拟区域城镇的形成和演化规律，预测城镇空间扩散⑥。王凯（2006）通过近 50 年的中国城镇发展背景分析，发现城镇空间结构结构发生了四次重要变化，分别在 20 世纪 50 年代、20 世纪 60 年代、20 世纪 80 年代和 21 世纪初，并指出城镇空间发展受到政治、经济体制的直接影响，并受到自然条件、地理环境等因素的间接影响，建议应积极开展国家层面的空间规划⑦。韦善豪、覃照素（2006）揭示了广西沿海区域城镇空间结构现状特征、演化过程及机理、动力机制及演化方式，提出

① 杜宏茹，张小雷. 近年来新疆城镇空间集聚变化研究 [J]. 地理科学，2005，25（3）：268-273.

② 张国华，李迅，等. 引导城镇空间一体化统筹发展的区域综合交通规划 [J]. 城市规划学刊，2009（3）：64-68.

③ 沈玉芳. 长三角地区城镇空间模式的结构特征及其优化和重构构想 [J]. 现代城市研究，2011（2）：15-23.

④ 钟业喜，尚正永. 鄱阳湖生态经济区城镇空间结构分形研究 [J]. 江西师范大学学报（自然科学版），2012，36（4）：436-440.

⑤ 郑卫，邢尚青. 我国小城镇空间碎化现象探析 [J]. 城市发展研究，2012，19（3）：96-100.

⑥ 陈涛，李后强. 城镇空间体系的科赫（Koch）模式——对中心地学说的一种可能的修正 [J]. 经济地理，1994，14（3）：10-14.

⑦ 王凯. 50 来我国城镇空间结构的四次转变 [J]. 城市规划，2006，30（12）：9-14.

了生态维护应作为城镇空间演化的重点之一①。唐亦功、王天航（2006）应用图论的方法对山西各地区城镇分布规律及其与中心位置的离散程度进行估计和分析，获得了城镇空间的理论中心区位，在此中心城镇加大投资并扩大城镇空间规模，使得其辐射效应达到最大②。张国华、周乐等（2011）总结城镇空间发展规律和特征后发现，知识经济与高速化时代城镇空间结构的变迁已由传统的"中心节点"向开放的"门户节点"转化，具有"区域中心"的潜在双重性质和促进区域多中心网络式空间结构变迁的作用③。贾百俊、李建伟等（2012）分析了丝绸之路沿线的城镇空间分布，依据城镇发展的不同阶段提出了三种空间分布形态——散点型、串珠型和网络型，总结了城镇空间演变的三个不同特征，即空间发展的差异性、中心城镇的游移性和城址变迁的宜居性④。高晓路、季珏等（2013）探讨了区域城镇空间格局的定量化识别方法，一是通过人口、产业或交通优势识别具有较大发展潜力的城镇或者城镇集聚区（空间节点），二是以空间节点之间的交通联系利用多维尺度分析方法展现城镇之间的空间关系（空间联系），三是确定城镇空间的影响范围，进而确定城镇空间的整体架构（空间圈域）⑤。

四是城镇空间结构优化的具体路径。胡彬、谭琛君（2008）认为长江流域城镇空间结构优化应以城市区域为空间结构重组的基础性功能单元，提出构建区域空间价值最大化、空间联系优化、空间竞争力重塑和空间创新能力挖掘等目标为一体的区域空间政策体系⑥。何伟（2008）应用分形理论构建了区域城镇空间结构优化的指标体系和协调度函数，分析了淮安市城镇空间结构优化趋势和各个指标的功效变动，并提出了优化路径⑦。鲍海君、冯科（2009）引

① 韦善豪，覃照素. 广西沿海地区城镇空间格局及演化规律 [J]. 经济地理，2006，26（12）：256-260.

② 唐亦功，王天航. 山西省小城镇空间分布的数字特点研究 [J]. 西北大学学报（自然科学版），2006，36（6）：996-999.

③ 张国华，周乐. 高速交通网络构建下城镇空间结构发展趋势——从"中心节点"到"门户节点"[J]. 城市规划学刊，2011（3）：27-31.

④ 贾百俊，李建伟. 丝绸之路沿线城镇空间分布特征研究 [J]. 人文地理，2012（2）：103-107.

⑤ 高晓路，季珏，等. 区域城镇空间格局的识别方法及案例分析 [J]. 地理科学，2013（9）：1-9.

⑥ 胡彬，谭琛君. 区域空间结构优化重组政策研究——以长江流域为例 [J]. 城市问题，2008（6）：7-12.

⑦ 何伟. 基于协调度函数的区域城镇空间结构优化模型与实证 [J]. 统计与决策，2008（7）：47-50.

入精明增长理论，认为浙江城镇空间扩展速度过快，资源要素利用率低，交通干线的扩展呈现无序特征，建议将紧凑式与填充式开发相结合，提高土地利用效率，并设定城市增长边界①。陈存友、胡希军等（2010）根据"辐射效应""屏蔽效应"和"规划效应"，认为望城区城镇空间结构应选择"网络城市"，实施"点轴开发"，采取"强势攀援"，推动"组团联动"②。郭荣朝、苗长虹（2010）利用建成区面积扩展强度指数、城镇经济增长强度指数，发现河南省镇平县城镇空间结构存在明显"廊道效应"，"交通节点作用"突出，城镇空间结构优化必须培育增长极和特色产业族群③。李快满、石培基（2011）基于主体功能区视角，通过对区内各级城镇中心进行分析，确定中心城市，提出兰州经济区"一个双核心、两个圈层、一条重点发展带、五条发展轴、五个区域发展副中心"的城镇空间布局结构优化模式的构想④。

### 1.2.2.2 对城镇空间形态的研究现状

一是城镇空间形态的特征或者影响因素。杨山、沈宁泽（2002）认为城镇空间形态是城镇规划、城镇建设和土地利用的重要参考，在遥感技术分析下提取了空间信息和数据，并在此基础上对无锡城外部形态特征进行了分析、研究⑤。赵珂、向俊（2004）认为无论从内部功能形态还是外部物质空间形态来讲，川渝小城镇空间形态演变都呈现出异质性、不稳定性和割裂性特征，并在此基础上分析了城镇空间形态的演变⑥。熊亚平、任云兰（2009）考察了铁路运营管理机构对城镇空间形态演变和特征的影响，交通条件居于重要地位，与地理位置、资源状况和政治环境共同影响着城镇空间形态的演变⑦。

二是探寻城镇空间形态的模式、定位和类型。王建国、陈乐平（1996）借助航空遥感技术，明确苏南地区城镇空间形态的演变过程，主要呈现出沿交

---

鲍海君，冯科. 从精明增长的视角看浙江省城镇空间扩展的理性选择 [J]. 中国人口资源与环境，2009，19（1）：53-58.

② 陈存友，胡希军，等. 城郊型县域城镇空间结构优化策略——以长沙市望城区为例 [J]. 城市发展研究，2010，17（3）：51-55.

③ 郭荣朝，苗长虹. 县域城镇空间结构优化重组研究——以河南省镇平县为例 [J]. 长江流域资源与环境，2010，19（10）：1144-1149.

④ 李快满，石培基. 兰州经济区城镇空间组织结构优化构想 [J]. 干旱区资源与环境，2011，25（3）：8-14.

⑤ 杨山，沈宁泽. 基于遥感技术的无锡市城镇形态分形研究 [J]. 国土资源遥感，2002（3）：41-44.

⑥ 赵珂，向俊. 川渝小城镇形态的现代演化 [J]. 小城镇建设，2004（7）：84-88.

⑦ 熊亚平，任云兰. 铁路运营管理机构与城镇形态的演变 [J]. 广东社会科学，2009（4）：104-111.

通路线的"线"和"面"结合的网络化和有总体蓝图规划的有序性扩张①。阚耀平（2001）研究了清代新疆的城镇形态与布局模式，认为其城镇形态演变模式为块状—条形状—块状的发展过程，且多具有双城形态，平原城镇空间形态多呈现出矩形，山麓城镇空间形态则多呈现不规则形②。江昼（2011）从城镇建设和城镇空间形态的发展和定位出发，提出了苏南地区城镇空间形态转变必须摈弃"摊大饼"式发展格局，走"集约化"与"可持续"的发展道路③。朱建达（2012）对中华人民共和国成立后小城镇空间形态发展的背景、特征、模式演化规律等进行了分析，总结了多集均布零散型、单核向心集聚型、单核外延扩展型、多核集群网络型四种类型的城镇空间形态④。

### 1.2.2.3　对城镇空间规模研究的现状

一是城镇空间规模的分布或者分形状况。董大敏（2005）认为我国现有城镇规模与分布存在规模分散、集中度低的问题，在建设和发展上盲目追求城镇规模扩张，最终导致城镇布局不合理等诸多问题⑤产生。朱士鹏、毛蒋兴等（2009）应用分形理论对广西北部湾经济区城镇规模分布进行了研究，发现其城镇规模比较分散，首位城市垄断性强，提出加快首位城市对周边城镇的辐射，利用生态位错位竞争原理，促进城镇空间结构优化⑥。孜比布拉·司马义、刘志辉等（2010）分析了南疆铁路沿线城镇规模，从人口规模视角对划分了城镇规模等级，发现城镇规模结构呈现出不连续分布的形态，其城镇空间规模仍处于相对落后的状态，并定量分析，将其分为工业增长极城镇、工农业复合型增长极城镇、以农业生产为主的地方性增长极城镇等类型。苏海宽、刘兆德等（2011）在阐述分形理论和城镇规模分布理论的基础上，分析了鲁南经济带城镇规模分布的分形特征，表明城镇规模分布比较集中，首位城市不突出，重点应该发展中心城镇，加快重点经济轴线建设⑦。

---

①　王建国，陈乐平. 苏南城镇形态演变特征及规律的遥感多时相研究 [J]. 城市规划汇刊，1996（1）：31-39.

②　阚耀平. 近代新疆城镇形态与布局模式 [J]. 干旱区地理. 2001, 26（4）：321-326.

③　江昼. 苏南乡镇在经济转型升级过程中城镇空间形态发展定位研究 [J]. 生态经济, 2011（9）：76-79.

④　朱建达. 我国镇（乡）域小城镇空间形态发展的阶段模式与特征研究 [J]. 城市发展研究, 2010, 19（12）：33-37.

⑤　董大敏. 城市化战略中的城镇规模问题研究 [J]. 云南社会科学, 2005（4）：79-83.

⑥　朱士鹏, 毛蒋兴, 等. 广西北部湾经济区城镇规模分布分形研究 [J]. 广西社会科学, 2009（1）：19-22.

⑦　苏海宽, 刘兆德, 等. 基于分形理论的鲁南经济带城镇规模分布研究 [J]. 国土与自然资源研究, 2011（2）：76-78.

二是城镇规模变动或者最佳城镇规模探讨。高珊、张小林（2005）研究了江苏县域城镇规模变动情况，指出城镇数量变化显著、等级分化加剧、区域分异明显，采用推进制度创新、实行区域差异政策、提升城镇功能等方式推动城镇规模有序扩张。周国富、黄敏毓（2007）通过对相关理论和西方学者关于对最佳城镇空间规模的梳理，从管理角度最佳、居民角度最佳和企业生产角度最佳三方面，检验了我国最佳的城镇规模，对城镇化道路和城镇规划有参考价值①。

### 1.2.2.4 对四川省范围内空间结构研究的现状

一是研究四川省范围内城镇与产业的布局和空间结构。贺泽凯、戴宾（2003）认为四川省县域城镇空间结构是典型的单中心模式，这种模式制约了城镇空间结构的发展，可以采取开放的、非全覆盖的走廊式发展战略，培育县域范围内的经济增长极，承接大城市的辐射溢出效应，发挥县域城镇体系中的节点作用，促进县域空间结构发展②。廖婴露、焦翔（2005）认为四川城市布局不均衡，城市体系的地域空间结构主要体现为一点多面，城市基本都是沿交通干线分布，城市分布的网络化日趋明显③。戴宾（2009）研究了区域空间发展演变现象，四川经济空间发展忽视了城市在区域发展中的带动和核心作用，忽视了城市的组织能力和群聚效应，应以工业化和城镇化为导向，实施空间集中化战略，注重发展"三群、一带"④。王彬彬（2010）研究了产业分工与布局理论，随着城镇化发展，产业的城市功能正在逐步分化，环境-产业协同演变，促进产业分工与布局适应相应的城市功能，应构建基于城市功能的产业分工金字塔的产业分工体系⑤。

二是研究单一城市经济空间结构优化问题。廖婴露（2009）以成都市为研究对象，分析了经济空间结构总体格局、特征和优化机制，并提出通过促进产业和人口空间集聚、推进圈层经济互动和城乡经济融合等方式优化成都市经济空间结构⑥。唐伟、钟祥浩（2010）特定时段的经济空间结构是区域经济差

---

① 周国富，黄敏毓. 关于我国城镇最佳规模的实证检验 [J]. 城市问题，2007 (6)：6-14.

② 贺泽凯，戴宾. 四川县域空间结构及其增长极的培育 [J]. 西南民族大学学报，2003，24 (5)：103-105.

③ 廖婴露，焦翔. 四川省城市体系空间布局的演变探析 [J]. 天府新论，2005 (10)：69-70.

④ 戴宾. 改革开放以来四川区域发展战略的回顾与思考 [J]. 经济体制改革，2009 (1)：140-144.

⑤ 王彬彬. 四川产业分工与空间协同研究 [J]. 经济体制改革，2010 (6)：129-132.

⑥ 廖婴露. 成都市经济空间结构优化研究 [D]. 成都：西南财经大学，2009.

异在空间上的具体表现，区域差距变化在空间上主要表现为经济空间结构的演变，并利用空间自相关模型和变差系数对成都市经济空间结构进行了研究，认为成都市经济空间相关性较高①。张若倩（2005）对成都市城市空间结构优化问题进行了研究，从城市形态、城市布局和城市密度三个层次出发，分析了城市空间结构的特点、问题，并在此基础上提出了通过建设卫星城、城市副中心和优化城市功能区等措施来优化成都市的空间结构②。王青、陈国阶（2007）研究了成都的同心圆模式，并以空间结构理论为切入点对成都城镇体系空间结构进行了研究，认为成都行政区范围内的 14 个区县具有黄金分割特征的五边形结构，并从理论上论证了成都市向东、向南发展的必然性③。李昌明（2009）认为构建成都都市经济圈是推进四川省经济空间结构优化的必然选择，对加速城市规模扩张、增强城市之间的空间聚合度、带动经济活动空间配置的优化调整具有重要作用④。

国内文献主要研究了城镇空间、城镇空间形态、城镇空间规模，将城镇作为经济社会的空间投影和载体，探索社会经济因素与城镇空间的作用关系，从演化规律、动力机制等方面分析城镇空间的具体属性，并提出城镇空间结构优化的具体路径。对城镇空间形态的研究主要集中在特征和影响因素上，并探索城镇空间的形态模式和定位。对城镇空间密度的研究体现在上述的研究中，很少有学者单独将城镇空间密度进行单独研究。将四川作为研究对象的文献主要研究了四川产业和城市布局以及单一城市经济空间结构优化问题，因此本书将拓展研究视角，通过城镇空间结构的现实格局及其类型做出判断，并找出城镇空间结构优化的体制机制障碍及其问题，推进四川城镇空间结构优化调整。

### 1.2.3 对国内外文献的总结

通过对文献的梳理与分析发现，大多数的学者将城镇空间与城市空间的概念相等同，将西方研究城市空间的成果直接应用于研究中国城镇空间发展问题。我们应该看到西方工业化和城市化的进程较早，人口和产业主要集中在城市，因此通过研究城市空间的发展、演化与布局，可以解决社会经济发展问

① 唐伟，钟祥浩.成都都市圈县域经济时空差异及空间结构演变 [J].长江流域资源与环境，2010，19（7）：722-736.

② 张若倩.成都市城市空间结构优化问题探索 [D].成都：西南财经大学，2005.

③ 王青，陈国阶.成都市城镇体系空间结构研究 [J].长江流域资源与环境，2007，16（3）：280-283.

④ 李昌明.都市圈框架下的四川经济空间结构演进研究 [J].天府新论，2009（6）：70-73.

题。而四川的农村人口占了很大比重，加之户籍制度、社会保障和城乡差距等诸多因素的存在，单纯研究城市空间结构很难真正解决四川城镇空间发展的复杂问题。值得注意的是，有学者注意到了这一区别，并严格将城市空间与城镇空间概念、范围做了明确区分，为本书的研究提供了丰富的文献和大量素材。通过对城镇空间研究文献的总结，发现目前研究成果主要为将城镇空间作为社会经济活动的空间载体，探索社会经济现象，如土地利用、交通规划、资源开发和政治因素等对城镇空间结构优化的关系与作用，还有的主要从定性分析的角度研究了城镇空间结构的演化规律、动力机制、表现特征和具体路径等。研究城镇空间规模的成果也相对较多，主要也是从定性角度研究城镇空间规模等级划分和对城镇最佳规模的探索，而研究城镇空间形态的文献相对较少，主要从特征、影响因素、模式和定位等方面展开研究，研究城镇空间密度的文献则较少。而以四川省为研究范围的成果主要为对经济空间结构、产业布局空间、单个城市空间优化的研究，将四川作为一个整体，研究四川范围内的城镇空间结构优化的成果还相对较少。

因此，本书在以下四个方面对城镇空间结构展开研究：一是将城镇空间与城市空间概念、内涵等做一个严格的辨析，并在此基础上构建城镇空间结构研究的框架设计。二是选取四川省为研究对象，从单个城市的空间结构优化研究扩展为整个区域的城镇空间结构优化研究，以便从宏观和整体的视角把握城镇空间结构优化的重点和内容。三是构建城镇空间结构优化的合理目标，并通过功效函数和协调函数对指标体系进行综合评价，以便明确四川城镇空间结构优化所处的具体阶段。四是引入空间因素，利用空间滞后模型，从定量的角度实证分析城镇空间结构优化的影响因素及其显著性，既避免单纯依靠定性研究造成的模糊性和不可度量性，又避免未考虑空间自相关对模型参数估计造成的伪回归。

## 1.3　研究内容与理论框架设计

### 1.3.1　研究内容

本书以四川省行政空间范围内的 21 个市、州为研究范围，研究四川城镇空间结构优化问题，主要包括四大部分。

第一部分为导论部分。主要包括研究的背景与意义、研究的文献综述、研究的内容与理论框架设计、研究方法、主要创新和不足。

第二部分为理论部分，主要包括城镇空间内涵及其概念的界定、城镇空间基本理论、城镇空间优化评价方法和城镇空间机制研究。第一，对城镇空间结构优化的研究背景、范围和意义进行说明，并通过对国内外研究成果的研究，梳理本书的创新和不足之处。第二，对城镇空间基本理论进行分析，构建本书研究的理论基础，清晰界定城镇空间结构、城镇空间密度、城镇空间功能和规模结构以及城镇空间形态等概念，并在基本理论的指导下分析理论对城镇空间结构优化的启示。第三，以基本理论为支撑和指导，探讨城镇空间结构优化的内涵和指标评价体系，以便判断城镇空间结构优化的现实格局。第四，探讨城镇空间结构优化机制，从理论上厘清机制的内涵和要素，对政府作用机制、市场配置资源机制和社会公众协调机制三个方面进行综合分析，为后文分析四川城镇空间结构优化的体制机制障碍做好理论铺垫。

第三部分是实证部分，主要包括四川城镇空间结构的历史演变和现实格局、基于前文城镇空间研究主线的实证研究、四川城镇空间结构优化机制及其问题、四川城镇空间结构优化重点及其条件。

第四部分是本书的对策建议部分。首先擅述四川省城镇空间结构的历史演变和现实格局，简述中国城镇空间结构演变的概况，以便在整个城镇空间结构优化的宏观背景下，结合城镇化发展的不同时期去把握四川城镇空间结构的演变和现实格局。其次是本书的核心实证部分，通过空间引力模型探讨城镇空间结构现实格局的具体类型，从而把握四川城镇空间结构的类型和特征，通过功效函数与协调函数判断四川城镇空间结构所处的具体阶段，通过空间滞后模型（SLM）对影响四川城镇空间结构优化的指标进行显著性分析，指出促进城镇空间结构优化的重点。最后是四川城镇空间结构优化机制及其问题，通过实证部分的研究可以发现影响城镇空间结构的影响因素，通过前文对机制的研究，逐一进行比较分析，厘清四川城镇空间结构优化的政府作用机制、市场配置资源机制和社会公众协调机制方面的障碍。通过对问题和机制的深入剖析，有针对性地采取对策措施。

### 1.3.2 理论框架设计

通过对城镇空间结构优化思路的整理和内容的研究，构建了本书研究的理论分析框架，如图 1-1 所示。

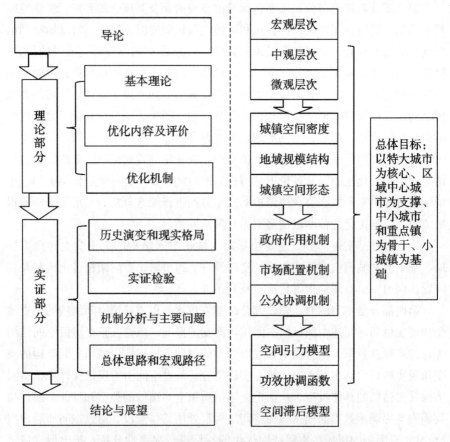

**图 1-1　城镇空间结构优化的理论框架和分析路径**

从图 1-1 可以看出，本书包括四大部分，分别是导论、理论部分、实证部分和对策建议部分。贯穿全书的包括一个总体目标、三个层次、三条线索、三大检验和三大机制。具体来讲，本书从宏观、中观和微观三个层次，以城镇空间密度、城镇地域与规模空间、城镇空间形态为三条线索，对空间引力模型、功效函数与协调函数、空间滞后模型进行三大检验，得出城镇空间结构优化的类型、评价结果及其影响因素的显著性，并用政府作用机制、市场配置资源机制与社会公众协调机制三大机制去解决和理顺城镇空间结构优化的各种体制机制障碍，最终实现以特大城市为核心、区域中心城市为支撑、中小城市和重点镇为骨干、小城镇为基础的总体目标。

## 1.4 研究方法

### 1.4.1 理论分析与实证分析相结合

本书应用了区域经济学、产业经济学、发展经济学和空间经济学等学科的相关理论与知识，深入总结城镇空间结构的相关理论，进行城镇空间结构必要性、目标和路径等方面的探索，并且梳理了城镇空间结构优化调整的政府作用机制、市场配置资源机制和社会公众协调机制。在理论分析的基础上进行了实证分析，在涉及城镇空间结构的分布总体格局、城镇空间形态、城镇空间密度和城镇空间结构的基本情况方面，采取的是官方公布的权威数据进行客观的分析和说明。通过理论与实证分析相结合的方法，为本书的研究与分析提供了多学科的知识，通过数据分析和比较使研究更加符合城镇空间结构优化的客观实际。

### 1.4.2 定性分析与定量分析相结合

本书在构建城镇空间结构优化内容、框架设计、城镇空间结构基本理论的梳理以及城镇空间结构优化的机制研究等方面采取的是定性研究方法，依据理论推导和逻辑分析，研究城镇空间结构优化调整问题。在定性分析的基础上，重点进行了定量分析，主要是基于空间引力模型分析了四川城镇空间密度场强值与集聚值，由此判断四川城镇空间结构现实格局的类型；并应用功效函数与协调函数分析了四川城镇空间结构优化的评价结果，最后应用空间滞后模型（SLM）定量研究了影响城镇空间结构优化的各个因素及其显著性。定性分析与定量分析相结合有利于深化对城镇空间结构问题的认识，并增强结论的解释力和说服力。

### 1.4.3 静态分析与动态分析相结合

本书在研究城镇空间总体格局、空间形态、空间密度和空间规模等方面，采用的是静态分析方法，通过理论推导和对客观数据的分析，总结出城镇空间结构的客观类型、特征及其存在的问题。在静态分析的基础上，本书增加了动态分析方法，首先是在城镇空间结构优化的目标设计上，本书在考虑城镇空间结构发展的现状与特征的基础上，对城镇空间结构发展的方向和趋势进行分析，总结出城镇空间结构优化的动态目标。其次，本书站在可持续发展的视角，应用动态分析与发展的眼光，依据城镇空间结构优化的原则、内容和重点进行了客观的分析和研究。

## 1.5 主要创新和不足

### 1.5.1 主要创新

本书围绕四川构建以特大城市为核心、区域中心城市为支撑、中小城市和重点镇为骨干、小城镇为基础的布局合理、层次清晰、功能完善的城镇空间格局的总体目标，以城镇空间结构理论为指导，着力在以下三个方面进行了新的探索：

一是研究视角的创新。本书的研究视角从单个城市空间结构优化问题扩展为四川省范围内的城镇空间结构优化调整问题，既考虑了不同城镇空间规模、地域结构，又分析了包含大中小城镇在内的多个城镇的空间结构定位、相互功能及其空间联系，是对以往研究单个城市空间结构优化的丰富和拓展。

二是研究内容的创新。一方面提出了城镇空间结构优化的静态目标和动态目标，是对城镇空间结构优化目标的尝试性探索，并对城镇空间优化评价指标进行了客观分析，得出了四川整个城镇空间结构所处的阶段及其特征；另一方面，通过对城镇空间结构优化机制的理论研究，从政府作用机制、市场配置资源机制和社会公众协调机制三个方面，详细梳理了四川城镇空间结构优化体制的机制障碍，并提出了推进城镇空间结构优化调整的宏观路径和机制创新。

三是对研究方法进行了新的探索。本书充分应用了定性分析与定量分析相结合的方法，尤其是在定量分析的方法上，应用本书所有区县的地图绘制和分析地理信息系统 Mapinfo 10.0 软件，提高了分析精度和准确性；将 Matlab 7.5 软件应用于层次分析法（AHP）判断矩阵的归一化处理和修正，避免被标尺不准和信息失真利用影响；将 Geoda 9.5 软件应用于空间计量经济分析的模型构建和选择，利用空间自相关性对模型产生影响，使得空间滞后模型（SLM）的解释力和显著性都有明显提高。

因此，本书对研究视角、研究内容和研究工具进行了新的探索，希望本研究可以为深入推进新型城镇化建设提供新的思路和视角，可以为四川落实"三大战略"提供政策参考，可以为其他区域城镇空间结构优化提供有益的借鉴。

### 1.5.2 研究的不足

城镇空间结构优化是一个长期的系统性工程，城镇空间结构优化涉及的利益主体既有政府、企业，又有居民和个人，城镇空间结构优化的推动力既有政府力量，又有市场力量，所以城镇空间结构优化涉及的范围广、利益关系复杂、影响深远。本书力求做到理论与实践紧密结合，但由于笔者的知识和学术水平有限，在构建城镇空间结构优化的三条线索上未必能够得到学者们的普遍认同，在城镇空间结构优化机制研究方面还有待继续深入和拓展，在提出城镇空间结构优化的重点和内容方面难免出现片面和薄弱的环节，对城镇空间结构优化指标设计的研究还不够深入和全面，由于数据和资料搜集的难度高，使本书未能深入两千余个建制镇进行研究，这些都是本书存在的一些不足之处，希望在未来的学习生涯中继续深入研究并加以改进和完善。

# 2 城镇空间结构基本理论

对城镇空间结构优化的研究与探讨需要坚实的理论基础作为支撑，首先要将城市与城镇及其相关概念进行严格的区分与界定，以明确研究的对象，并在此基础上对经典的城镇空间结构基本理论进行梳理。城镇空间结构的研究起源于 19 世纪初的古典区位理论，发展至今的城镇空间结构理论可以总结为古典区位理论、城镇空间结构理论和城镇空间相互作用的理论。对这些基本理论进行梳理和总结，有利于从理论的角度把握城镇空间结构优化研究的内涵和重点，并探索基本理论对城镇空间结构优化的启示。

## 2.1 城镇空间的内涵和相关概念

### 2.1.1 城镇空间的内涵及其相关概念界定

#### 2.1.1.1 城市和城镇的关系辨析

在中国古代，"城"是一种永久性的建筑，用于防御野兽和敌人袭击，起初的"城"并不具有商业、贸易、手工工场等一般城市所具有的物质要素功能。"市"是商品交易的场所，"有商贾贸易者谓之市"，但"市"不一定具有固定的地点，为了方便，"市"常设在人口密集的地方。而"城"中人口较多，是设立"市"的良好选择，"城"和"市"功能的重叠与耦合，形成了具有现代意义的城市。"设官防者谓之镇"是指直到宋代，"镇"才脱去了军事色彩，成为县和村之间的商业中心。因此，城市和城镇有严格的区分，只有经过国家批准的设有市建制的地方才叫市，不够设市条件的建制镇叫镇，市和镇的总称叫城镇①。马克思认为城镇"本身表明了人口、生产工具、资本、享乐和需求的集中"，英国经济学家 K. J. 巴顿认为城镇是"一个坐落在空间内的

---

① 许学强，周一星，等. 城市地理学 [M]. 北京：商务印书馆，1997：19-20.

各种经济市场——住房、劳动力、土地、运动等相互交织在一起的网状系统"，同时认为"各种活动因素在地理上的大规模集中称之为城镇"，杨立勋认为城镇是"一个以人为主，以空间利用为特点，以集聚经济为目的的一个节约人口、节约经济、节约信息的地域系统，是一个与周边地区进行人、物、信息交流的动态开放系统"。因此，城镇与城市从严格意义上来讲应该有所区别，但城镇与城市的概念经常混用，比如城镇化与城市化两个概念的应用。1984年，国务院批转民政部《关于调整建镇标准的报告》中规定：县级地方国家机关所在地应设镇；总人口在2万人以下的乡、乡政府驻地非农业人口超过2000人的，可以建镇；总人口在2万人以上的乡、乡政府驻地非农业人口占全乡人口10%以上的，也可以建镇。少数民族地区、人口稀少的边远地区、山区和小型工矿区、小港口、风景旅游、边境口岸等地，非农业人口虽不足2000人，如确有必要，也可设镇。本书应用的城镇这一概念，与城市有严格的区别，城镇主要指的是具备一定的人口规模、地域范围和空间形态，并在与其他城镇交流联系的过程中承担某种功能和作用的人口、产业集聚区。通过对城镇概念进行区别，既能够有效地把握城镇不同人口规模和空间规模的等级和功能，又能通过对城镇的研究，将城镇化和区域规划的对象扩展到小城镇，从而有效落实新型城镇化并统筹城乡发展。

2.1.1.2 城镇空间的内涵

城镇空间与城市空间概念既相互区别，又相互联系，研究城镇空间内涵需要借鉴和把握这种相互关系，才能对城镇空间的空间范围、城镇之间的关系等做一个清晰的界定。

1933年8月，国际现代建筑协会第4次会议在雅典召开，通过了城市规划和理论的纲领性文件——"城市规划大纲"，提出城市的三要素：绿地、阳光和空间①，倡导城市功能分区和以人为本的思想，并强调城市要与周围地区形成一个整体来研究。20世纪中叶，意大利建筑理论家布鲁诺·赛维把城镇建筑定义为"空间艺术"，提出"空间乃建筑的本质"。其后，经过S·吉迪翁、克·亚历山大和诺伯格·舒尔兹等人的研究，建筑空间的属性得到较为充分的揭示。1960年至1970年，一些西方城市学者如富利、韦伯、波纳、哈维等人，试图从不同角度构建城市空间的概念框架。西方学者从不同层次和角度对城市空间展开了大量研究，值得中国借鉴。中国是一个传统的农业大国，由于资源禀赋、发展条件、市场环境等因素的不同，中国不同类型的城镇发展道路独具

---

① 孙桂平. 河北省城市空间结构演变研究［M］. 石家庄：河北科学技术出版社，2006：6-7.

特色，单一城镇发展的原因和主要动力各不相同，如深圳是在小渔村基础上依靠地理位置和优惠政策发展起来的现代化城市，株洲是"火车拉来的城市"，大庆是依靠石油资源发展起来的资源型城市等。

正是基于对中国城镇发展特殊性、复杂性和曲折性的深刻把握，本书认为学者对城市内部空间的研究，如图2-1a所示，有利于中国大中城市发展，促进其空间结构调整，城市内部空间具有一定空间尺度，它是政治、经济、科技和文化等人类生产经营活动的主要载体，是人类文明的主要集聚地。但规划不合理、交通路网布局不科学、产业的空间布局缺乏民众和市场参与机制而表现出来的"一把手"效应明显，都客观上影响了城市内部空间布局。

a.城市内部空间　　　b.单一城镇空间　　　c.多个城镇空间

图2-1　城镇空间系统示意图

资料来源：朱喜刚. 城市空间集中与分散论［M］. 北京：中国建筑工业出版社，2002：9-10.

对城镇内部与外部空间的相互关系及其定位的研究，即对单一城镇空间的研究，如图2-1b所示，包括的是各种不同规模的城市、城市与周边镇的卫星城、镇，是城镇及其城镇辐射范围内的郊区和边缘地带所组成的空间地域范围。因此，本书研究的城镇空间是由城镇内部空间和依靠城镇发展起立的卫星城镇组成的空间范围，是一个城镇及其周边"节点"所组成的城镇空间的有机整体。

而本书以单一城镇空间为基础，重点研究多个城镇组合在一起所形成的具有一定功能、一定规模和一定形态的有机整体，如图2-1c所示。在四川这个区域空间范围内通过对城镇空间密度、城镇地域与规模结构以及城镇空间形态的研究，明确特大城市的核心和带动作用、区域中心城市与中等城市的连接和过渡作用、重点镇和小城镇的基础和支撑作用，并通过城镇产业布局、城镇功能重新定位、城镇空间规模调整和城镇形态优化构建整个区域范围内的特大城市、区域中心城市、中小城市、重点镇和小城镇的布局合理、层级清晰、功能完善的城镇空间格局。

### 2.1.2 城镇空间结构的内涵及其相关概念界定

城镇空间结构具有不同的定义，国外的波恩（Bonrne）、哈维（Harvey）[①]、富勒（Foley）[②]、韦伯（Webber）[③]、凯塞尔（Kaiser）[④]，国内的陈田、柴彦威、江曼琦、郭洪懋、张秀生等都对城镇空间结构做出了不同的界定。他们有的根据静态的空间分布、空间形态、空间体系和空间景观定义城镇空间结构，有的根据动态的运行机制、空间相互作用、空间差异演变等来定义城镇空间结构。结合本书研究四川城镇空间结构的实际情况，将有关概念界定如下：

2.1.2.1 城镇空间结构内涵

城镇空间结构是地域范围内城镇之间的空间组合（配置）形式，是地域经济结构、社会结构和自然环境特征在城镇体系布局上的空间投影，也是在一定社会经济发展水平下，区域城镇发生、发展及其相互作用下的产物。城镇空间结构既要区别于城市空间结构，又要区别于城镇体系空间结构。城市空间结构从广义上讲主要包括城市内部空间结构和城市外部空间结构，狭义的城市空间结构是应用最多的概念，主要是指市内部空间结构，包括工业区、居住区、商业区和行政区等不同功能分区组成的有机系统，城市性质、规模和职能决定了城市内部各功能区的分布和特点，如埃比尼泽·霍华德（Ebenezer Howard）的田园城市理论[⑤]、沙里宁（E. Saarinen）的有机疏散理论[⑥]、伯吉斯（E. W. Burges）的同心圆模式[⑦]、霍伊特（H. Hoyt）的扇形模式[⑧]、哈里斯（C. D. Hanis）和乌尔

---

① HARVEY, DAVID. Social justice and the city [M]. Georgia：University of Georgia Press, 2010, 14-18.

② FOLEY L D. An approach to metropolitan spatial structure in webber, exploration into urban structure [M]. Philadelphia：University of Pennsylvania Press, 1964：231.

③ WEBBER M M. The urban place and the nonplace urban realm [M]. Philadelphia：University of Pennsylvania Press, 1964：115.

④ BERKE P, KAISER E J. Urban land use planning [M]. Illinois：University of Illinois Press, 2006：188-190.

⑤ HOWARD, EBENEZER. Organization and environment [J]. Organization and Environment, 2003 (1)：98-107.

⑥ ELIEL SAARINEN. The city：its growth, its decay, its future [M]. New York：Reinhold Publishing Corporation, 1943：380.

⑦ PARK R E, BURGESS E W. The growth of the city：an introduction to a research project [J]. The City, 1925：49-60.

⑧ ADAMS, J S, HOYT H. The structure and growth of residential neighborhoods in American cities [J]. Progerss in Human Geography, 2005：321-325.

曼（E. Ullman）[①] 的多核心模式[②]等都是对城市内部空间结构的经典描述。城镇体系空间结构指的是在相对完整的区域或国家中，以中心城市为核心，由不同职能分工、不同等级规模的城镇组成的空间集合[③]，是由城镇、城镇间的交通网络和城镇间的联系流、相互联系区域等多个要素按一定规律组合而成的有机整体，城镇体系具有整体性、层次性和动态性特征。研究表明，区域经济发展水平、生产力配置、城镇规模和功能定位是影响城镇空间结构演变的主要因素，不同的配置和组合产生了与之相适应的城镇空间结构类型。

### 2.1.2.2 城镇空间密度

城镇空间密度是单位面积内城镇的数量，是城镇分布于地域空间范围内的具体体现，是衡量城镇发展水平与发展阶段的重要依据，是判断区域发展重心和发展方向的重要参考。城镇空间密度以市、州为单位，判断城镇在各个空间范围内的分布情况，通过横向对比分析可以判断出各个城镇密集区与城镇非密集区，以便明确城镇空间结构优化的区域重点。城镇空间密度需要从一个宏观的视角，在政府作用下通过行政区划合并或者拆分的形式，将城镇空间密度和城镇规模控制在最佳范围内。

### 2.1.2.3 城镇空间地域结构和城镇空间规模结构

城镇空间地域结构和城镇空间规模结构是城镇空间结构的两个重要方面。城镇空间地域结构是城镇具有的各种功能以及城镇在整个区域城镇空间范围内的职能，城镇地域结构所体现出来的各种功能与职能是城镇存在的本质特征，是城镇内部系统与外部系统共同作用的结果，主要包括生产功能、管理功能、集散功能、协调功能与服务功能等。城镇空间地域结构是在一定空间范围内通过不同城镇功能和职能的演变和完善逐步发展起来的，职能的分化带动着城镇空间规模和城镇空间形态的变化。城镇空间规模结构是在城镇空间地域结构的基础上发展和演变而来的，城镇所处的不同地域以及其在整个区域城镇空间范围内的职能衍生出了城镇空间规模结构，主要通过人口规模、用地规模和等级规模三个方面对空间规模结构进行衡量。依据城镇规模分布理论，城镇规模、首位度系数等都被用于定量城镇空间规模结构。

### 2.1.2.4 城镇空间形态结构

城镇空间形态是城镇功能与职能的具体体现，是城镇发展水平、地理环境、

---

① HARRIS C D, ULLMAN E L. The nature of cities [J]. The Annals of the American Academy of Political and Social Science, 1945, 242 (1): 7-17.

② 王建国. 城市设计 [M]. 3版. 南京：东南大学出版社, 2011: 28-48.

③ 许学强. 城市地理学 [M]. 3版. 北京：高等教育出版社, 2009: 241-242.

交通条件、城镇职能、城镇规模、经济与技术因素和社会文化因素等综合因素作用下的结果，反过来，不同的城镇空间形态又对城镇空间规模和功能产生着重要影响，而这种影响可能是正面影响，也可能是负面影响。尤其是在城镇人口规模、土地规模急剧扩张的时候，城镇空间形态将对城镇资源配置、城镇功能运转和城镇生态系统等产生重要影响。因此，探索城镇空间形态的合理模式，对促进城镇空间结构优化调整，节约城镇物质能量交流成本，构建布局合理、层级清晰、功能完善的城镇空间有着积极意义。根据城镇核心区、城镇外围功能区以及城镇之间的各种关系，城镇空间形态可以分为两种大的类型：一种是有形的城镇空间形态，主要是单核集中点状结构模式、星形连片放射状结构模式、线性带状结构模式、分散型城镇结构模式、紧凑城市结构模式等城镇空间形态；另一种是无形的城镇空间形态，主要是政府作用下的城镇形态，如田园城镇形态、健康城镇形态、生态城镇形态、环境优美、城乡一体的城镇形态等。

## 2.2 古典区位理论

### 2.2.1 冯·杜能的农业区位论

杜能研究了孤立国的生产布局，不仅研究了农业、林业、畜牧业的布局，而且也涉及了工业的布局，他是现代西方工业布局理论的先驱者。该理论假设封闭系统内存在单中心城市，地形平坦，设有自然水流和人工河流，从产品生产地到消费地的距离的运输成本应纳入孤立国的生产布局进行考虑。在这种情况下，该理论认为孤立国有六个圈层，第一圈层主要是自由农作圈。距离城市越近的地方越有利于往城市销售产品和获取肥料。由于距离城市近，地租较高，主要有蔬菜、水果和牛奶等产品。自己生产肥料比从城市获取肥料便宜的地方，就是第一圈层的尽头，也是第二圈层的起点。第二圈层主要是林业圈，向城市输送木材和燃料。只有当木材的销售价格足以弥补生产成本、运输成本和地租时，该圈层才有可能生产木材。第三、四、五圈层主要是生产谷物，由于距离城市的距离越来越远，运输成本会逐渐增加，收益也就越低。第三圈层采用轮作制度，主要生产谷物和饲料作物。第四圈层采用轮作休息制度，主要生产谷草、牧草等。第五圈层采用三区轮作制，主要经营生产成本和运输费用在节约的地租中被抵扣后还有节约的产品。第六圈层主要经营畜牧产品。由于地租和谷物价格低，生产成本就较低。由于距离城市中心远，运输成本就高。当节约的生产成本能够超过所增加的运输成本时，生产便可以进行。如图2-2所示。

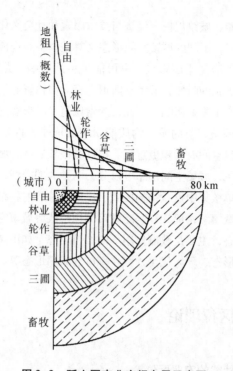

图 2-2　孤立国农业空间布局示意图

资料来源：魏后凯. 现代区域经济学［M］. 北京：
经济管理出版社，2006：65.

该理论将生产地与城市中心的距离纳入运输成本进行考虑，其实质是强调了空间因素对农业生产布局和城镇形态形成和发展的影响。杜能善于借助观察，依据微分学、实用会计，建立了生产布局理论，是第一个将微分学应用于经济研究的资产阶级经济学家，是西方区位理论的奠基人。之后的一批学者对农业区位论进行了论证和修改，如劳尔应用杜能思想将全世界的农业生产经营类型按照集约程度分为七大地带，其中心是西北欧工业区位。而马尔可夫应用马尔可夫链研究生产革新的空间结构扩散，认为影响农业决策的因素除社会经济因素、技术因素、自然因素等，还包括个人业务知识、经验和偏好等农场主的行为因素，可以据此预测农业区位的变化。

### 2.2.2　韦伯（Weber）的工业区位论

韦伯通过一系列概念、原理和公式完成了一般区位理论，对以后的区位理论、经济地理、区域经济和空间经济的发展产生了深远的影响。他认为区位应当是经济学研究的对象，而政治经济学却忽视了这个问题。该理论试图寻找工业区位移动的纯理论，认为工业区位布局主要受到"区域性因素"和"集聚因素"的影响。运输成本首先在运费最低的区位形成区位单元，而劳动力成本和集聚因素作为一种"改变力"，同运输成本形成网络竞争。该理论假定了运输体系是统一的，即以铁路运输为主，认为决定运输成本的因素是运距和运量，建立了"原材料指数"和"区位重"的概念，应用等运费线（如图2-3所示）来表达区位选择的结果，在运费线以内节约的劳动力大于追加的运输费用，将区位迁移到劳动力区位是合理的。运输费用受各种因素影响，运输成本降低会使生产地理位置迁移。工业选择在一定区位布局或者集聚，往往是集聚力与分散力平衡后的结果。该理论借鉴了费舍尔、劳恩哈特、蒂南的研究成本，应用了杜能农业区位的分析方法，为后来克里斯塔和勒施等的区位理论奠定了基础。然而，该理论存在一些缺陷：区位指向性规律是"纯理论"，显然适用性不够；工业区位动力不仅涉及最小成本问题，还包括追逐最大理论、投资行为、政府作用等问题；忽视宏观区位问题等。所以，登尼森（S. R. Denison）认为韦伯以技术因素代替价格理论，使得在任何经济制度下都不可能用工业区论来解释企业区位选择活动①。

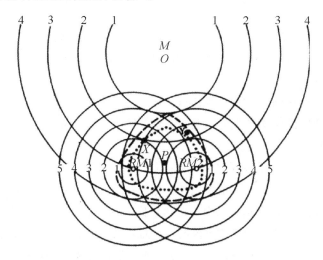

图2-3  等运费线示意图

资料来源：陈秀山，张可云. 区域经济学原理［M］. 北京：商务印书馆，2003：54.

---

①  DENNIS. The Theoryof Industrial location［J］. Journal of Manchester, 1937（2）：35-36.

### 2.2.3　克里斯塔勒中心地理论

20世纪以来，资本主义的高速发展加速了城镇化进程，城市在国民经济生活中的地位日益重要，工业、商业、贸易和服务行业开始向城市集中，因此学者们开始研究城镇的空间分布、规模、等级和职能等的相互关系和规律，以1933年克里斯塔勒出版的《德国南部的中心地原理》为标志。该理论认为城镇（中心地）位于区域的中心地带，向周围区域提供生产生活服务。单一生产者的供应是圆形的，而在多个生产者供应的条件下，市场会逐渐演变为六边形，如图2-4所示：

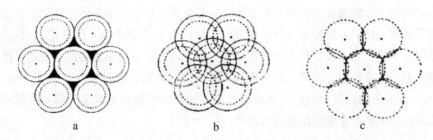

**图2-4　多个生产者条件下市场结构演变示意图**

资料来源：陈秀山，张可云. 区域经济学原理［M］. 北京：商务印书馆，2003：78.

克里斯塔勒进而认为中心地体系受到三个条件或原则的支配，分别是市场原则、交通原则和行政原则。支配的主要条件或原则不同，中心地网络呈现的结构便不同。

按照市场原则，低级别的中心地应位于高级别中心地形成的等边三角形的中心，从而有利于不同级别的城镇展开竞争。低级别市场区数量是高级别市场区数量的3倍，而高级别市场中心包含了低级别市场中心的所有职能。因此，一个中心地所属的3个次级市场区内，只需要另外加上2个次级市场区即可以满足要求。在9个三级市场区内，除去1个一级市场区和2个二级市场区，只需要增加6个三级中心地，如图2-5所示。因此，不同规模中心地出现的等级序列是：1，2，6，18，…。

按照交通原则，由于道路系统对城镇布局的影响，次级中心不是在地球表面均匀分布的，而是沿交通线分布。对较高级的中心地来讲，除包含1个次级中心地的市场区外，还包括6个次级中心地的市场区的一半，即总共包括4个次级市场区，由此 $K=4$，市场区数量等级序列是：1，4，16，64，…。

按照行政原则，在 $K=3$ 和 $K=4$ 的系统内，行政区被分割开来，不符合行政区管理的需要。为此，里斯塔勒提出按行政原则组织的 $K=7$ 的系统，六边形的规模被扩大，使高级别中心便于管理低级别的 6 个市场中心地，市场区的等级序列则是：1，7，49，343，…。

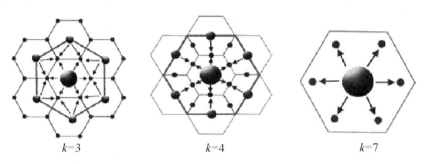

$k=3$        $k=4$        $k=7$

**图 2-5　克里斯塔勒中心地理论体系**

资料来源：陈秀山，张可云. 区域经济学原理［M］. 北京：商务印书馆，2003：80.

克氏理论关于城市等级的划分、城市内和城市间社会经济空间相互作用模型的研究，都为城镇空间结构的形成及其演变做了很好的解释。然而，该理论提出的不同 $K$ 值都是固定不变的，忽视了消费者在城镇空间演化的作用，忽视了城镇集聚形成的规模效应等弊端，需要进一步完善和修正。

### 2.2.4　勒施的市场区位论

勒施被认为是区位理论研究的集大成者，在 1939 年出版的《经济空间秩序：经济财货与地理间的关系》一书中，对工业区位、农业区位和市场区位做了详细的阐述。勒施重视需求因素的作用对企业最优区位选择的影响，论证了市场演变的模型和进程，形成了正六边形市场网络分析区位选择和空间组合，指出不同类型的产品具有不同的市场网络，重叠在一起便构成了复杂的网格状体系，如图 2-6 所示。

企业的形成和城镇的形成发展关系密切，城镇是不同类型的企业在空间上的载体，企业的布局和选址形成了不同的空间形态。该理论对"境界线"和"境界地带"这两个全新概念进行分析，两者都有单纯的地域间的境界线，且两个城镇和两个省在同样的场合，境界线两侧存在的圈层空间结构与城镇的类型有关。两个城镇只要发生竞争，两者就会形成明确的境界线。大规模的个别

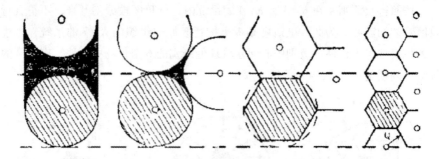

**图 2-6　市场区域圆周到正六边形的演变过程示意图①**

资料来源：勒施. 经济空间秩序［M］. 商务印书馆编辑部，译. 北京：商务印书馆，2010：140.

工业企业的集积、同类企业的集积、不同企业的集积、偶然的集积和消费者的集积促使城镇形成，应该获知企业的数目、企业的联合情况、企业的位置与供应源，以及其他偶然因素，这些因素可以相互协调和相互抵抗，城镇照样只是同一类型企业的区位集聚，而且也是不同类型企业的区位集聚。城镇的空间区位选择不但需要考虑一个区位，而且必须把许多区位当作变数来处理。给定城镇的具体区位，该附近一定集中着最优区位，重要的供给源、交通路的交叉点和具有近似功能的城镇等都是应考虑的区位条件。勒施提出了区位均衡和组织区位体系的方程式，并建立六边形格子模型等构思和方法，引起了经济学界、区位学界等研究生产布局的学者们的广泛关注，之后，法国经济学者潘萨特于1954 年出版的《经济与空间》等著作都受到了勒施的影响。苏联生产布局理论家费根在 1958 年论述美国和西欧经济地理新趋势时，赞扬了勒施"在空间经济理论的发展方面起了先锋者的作用"。美国经济地理学家麦卡蒂认为这是一本很久以来都未曾见过的十分渊博的著作。

### 2.2.5　古典区位论对城镇空间结构优化研究的启示

古典区位论与传统经济学的最大不同点或者亮点是关注了空间选址布局、空间距离与空间相互关系对企业生产经营活动的影响。杜能研究了地租、运输费用和生产成本对孤立国各圈层的生产栽培的影响，将生产费用最低看成是农业生产布局的最高原则。韦伯也从最小成本问题着手，研究了企业运输成本对经营绩效的影响，认为企业区位选择是聚集力与分散力平衡后的结果。他们以

---

① 勒施. 经济空间秩序［M］. 商务印书馆编辑部，译. 北京：商务印书馆，2010：140.

完全竞争市场为基础研究单个组织成本最小化问题，忽略了农业圈层和企业布局中的城镇空间载体，没有将企业区位与城镇等级规模等结合在一起进行分析。而克里斯塔勒以多个生产者、多个产品的布局为基础，以不完全竞争市场结构为前提，研究企业区位与城镇体系和市场组织结构的相互关系，关注了城镇规模、等级以及城镇体系衍生发展的规律。勒施重视需求因素作用，以利润最大化作为企业选址布局的依据，提出了正六边形市场网络模型，进而研究了各种企业在城镇空间集聚后形成的城镇空间结构和形态。古典区位论从单纯关注企业生产布局逐步变为关注企业布局与城镇关系。优化城镇空间结构应该关注城镇空间载体的产业布局、要素流动、城镇空间联系以及在大中小城镇基础上形成的城镇功能和规模结构。

## 2.3 城镇空间结构理论

### 2.3.1 城乡二元结构理论

城乡二元结构是发展中国家从传统社会向现代社会过渡的必经阶段，是发展中国家经济结构转型和城镇化发展所共有的特征。刘易斯于1954年发表的《劳动无限供给下的经济增长》对二元结构理论做了经典的解释，并将发展中国家的经济部门分成工业和农业两个部门，农业部门以传统方式进行生产，工业部门以现代化的手段进行生产。劳动力无限供给迫使农业部门的劳动者被迫接受仅能维持最低生活保障的工资水平，农业劳动力的边际生产效率为零，意味着农业部门存在大量过剩的劳动力，这种劳动力的过剩本质上是失业，其对生产未能起到任何作用，农村剩余劳动力的转移不会对农业生产部门产生影响，因此将这部分劳动力转移到工业部门，既能增加就业，又能增加国民收入。现代工业部门追求利润最大化，对劳动力的需求由资本总量决定，如图2-7所示。现代工业部门增长的初级阶段，资本总量为 $K_1$，劳动力的需求曲线为 $D_1(K_1)$，追求利润最大化的工业部门会在 $F$ 点雇佣工人，因此现代工业部门的总就业量为 $OL_1$，工人工资总额为 $OWFL_1$，总产出为区域 $OD_1FL_1$，总利润为区域 $WD_1F$。假如工业部门将所有利润用于扩大再生产，这时候，劳动力的需求曲线为 $D_2(K_2)$，工业部门的就业均衡点也就提高到了 $G$ 点，工业部门对劳动力的需求量也增加到了 $OL_2$[1]。这样，工业部门通过提高利润扩大再

---

① 史红燕. 结构调整与二元经济结构转换 [J]. 现代经济探索，2002 (5)：13-15.

生产，不断地吸收农村剩余劳动力，农业部门仅扮演劳动力供给的角色，直到农业部门剩余劳动力全部被工业部门所吸收，促使工业劳动生产率提高，农业就业者收入增加，工业部门和农业部门均衡发展，二元经济结构逐渐消失。

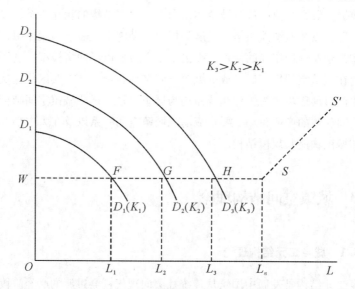

**图 2-7 刘易斯二元经济结构示意图**

资料来源：史红燕. 结构调整与二元经济结构转换 ［J］. 现代经济探索，2002（5）：13-15.

费景汉（John C. H. Fei）和拉尼斯（G. Rains）① 对刘易斯的二元结构理论做了批判和修正，形成了"刘易斯—拉尼斯—费景汉"模型。该模型详细阐述了经济结构转型中的就业结构转换条件和阶段，提出城乡协调发展思路，并重视产业结构转移中的制度因素，使二元结构理论取得了一定的发展，形成了经典的二元结构理论。自该理论发展成型之后，城市经济学和新经济地理学对其进行了丰富和发展，认为城乡二元结构根源在于城镇规模报酬递增，使集聚经济产生，产业集聚、知识溢出、城镇基础设施建设等因素推动了人口向城镇集中。国内学术界对城乡二元结构的探索基本与"三农"问题相关，在二元结构成因、二元结构影响、二元结构演化等方面对中国城乡二元结构展开了探索。城乡二元结构是中国面临的主要问题之一，解决问题的主要途径是缩小城乡差距，其核心是城乡一体化发展或统筹城乡发展，城乡二元结构转化是新型城镇化和城镇空间结构优化调整的客观需要。

---

① RAINS G, FEI A. Theory of economic Development ［J］. American Review, 1961, 51（4）：533-565.

### 2.3.2　区域空间结构要素理论

在社会经济过程中，由于劳动对象、劳动条件和生产方式的不同，生产力各要素相互结合和运动所需要的空间规模便不一样，凡是采取分散形式进行生产的单位，其需要的城镇空间也就较大。由于生产力体系内部生产分工的不断发展，各种类型的生产单位组织在一起，占据城镇空间大的生产单位联结在一起构成农村（即区域空间结构的域面要素），占据城镇空间小的生产单位集中于一点便成为城镇（即区域空间结构中的节点要素）。区域内部各个生产部门之间为了正常的生产活动需要进行各种联系，包括产品的交换、生产人员的交往，资金、信息、技术的流动，由于各个生产部门布局在不同的城镇空间，需要将运输路线和信息传递路线进行连接，构成了区域空间结构的网络要素。因而，区域空间结构的基本要素包括三个方面：节点及节点体系、线及网络、域面。节点及节点体系是产业和人口的集聚地，是经济活动极化而形成的中心，主要表现为城镇节点。一定区域范围内的节点之间存在规模上的差异，不同节点之间在数量上和规模上组成的相互关系就构成了节点的规模等级结构。同时，城镇作为区域范围内社会经济活动分工的结果，通过不同分工、职能以及各种形式和渠道的协助配合，服务于整个区域，构成了城镇空间功能结构。不同城镇节点通过线路及由线路组成的网络，进行城镇间的物质能量、人员和信息交流，城镇基础设施水平以及城镇基础设施网络是衡量城镇空间结构要素的重要指标，通过交通线路的规划和建设，能够促使城镇空间功能相互协调。区域空间结构三大要素的基础是域面，没有域面就不会有节点、线路和网络，域面是节点和网络以及它们的作用和影响在空间范围内的扩张和表现，评价域面的经济发展水平和经济规模是域面研究的重要内容，域面的发展水平越高、经济规模越大，其节点就越多，网络就越密集，空间结构便更加合理，空间结构功能就越趋于完善。因此，研究区域空间结构的三要素，有利于对城镇空间结构研究对象进行细分，通过对城镇空间规模的合理控制可以突出节点（城镇）在区域城镇系统中的极化和辐射作用，通过对交通网络的合理规划可以有效地促进各个城镇节点的物质能量交流，通过对城镇空间密度的分析和研究，可以明确域面所处的阶段和水平，从而探索城镇空间结构优化的路径和措施。

### 2.3.3　点轴开发理论

点轴开发理论最早由波兰经济家萨伦巴和马利士提出，该理论假设：经济中心在地域上呈现三角形分布，其吸引范围呈六边形。不同等级的城镇依赖于市场最优、交通最优和行政区最优原则，体现了不同等级城镇辐射范围的差异。点轴开发理论重点阐述经济的空间移动和扩散，通过最小间距跳跃式转移推动城镇和区域的发展。从区域空间结构发展过程来看，经济中心总是首先集中在少数资源条件、交通条件好的地区，呈斑点状分布，形成城镇的雏形，可以称为增长极，即点轴开发的点。随着城镇空间的发展，形成了多个城镇的经济增长中心、点与点之间连接的纽带，如交通线路以及动力供应线、水源供应线构成了发展的轴线。这种轴线首先是为核心区域服务的，但当城镇空间规模发展到一定程度后，轴线开始对人口、产业具有吸引力，促使人口和产业向两侧集聚，并产生新的增长极，点轴逐步贯通，形成点轴系统。要推进点轴开发理论，首先要在一定区域范围内选择具有较好开发潜力的重要交通干线，作为一级发展轴予以重视；其次，以此为基础确定重点发展的中心城镇，确定城镇功能和城镇发展方向；最后，确定中心城镇和发展轴的等级体系，集中力量重点开发较高等级的中心城镇。随着区域经济实力的逐渐增强，再重点开发二级或三级发展轴和中心城镇。点轴开发理论并不是要求全线同步开发，而是结合城镇发展现状和经济发展水平采取阶段性措施，点轴开发也是一个渐进扩散的过程，具有空间上和时间上的动态连续性，是极化能量摆脱单点限制并走向整个城镇空间的第一步。随着区域网络的完善，极化效应逐步减弱，扩散作用逐步增强，城镇空间结构逐步趋于动态平衡。因此，点轴开发理论除了有利于经济发展和推进城镇集聚之外，还指出了城镇空间发展的方向和时序问题。

### 2.3.4  网络开发理论

网络开发理论认为一个区域空间结构必须包括三大要素：①节点，即各级城镇、增长极或者经济中心；②域面，即节点的范围或城镇经济腹地；③网络，是指由各种线状的基础设施所构成的网络，如交通网络、通信网络、电网等。在经济发展到一定阶段，一个地区形成了各类不同等级的城镇和增长轴，即交通沿线，城镇节点和城镇交通网络的影响和范围是不断扩大的，并在较大区域内形成商品、资金、技术、信息和劳动力等生产要素的流动网及交通网。在此基础上，网络开发理论更加强调加强城镇与整个城镇空间系统生产要素交流的广度和密度，促进区域经济一体化特别是城乡一体化。同时，通过网络的外延，加强与其他城镇的经济联系，在更加广的城镇空间范围内，将更多的生产要素进行合理配置和优化组合，促进城镇空间规模的扩大和城镇空间功能的完善。

### 2.3.5 城镇空间结构理论对城镇空间结构优化研究的启示

城乡二元结构转化理论客观地说明了城镇空间发展和城镇化面临的二元结构问题，强调通过加强城乡一体化建设和统筹城乡发展的路径，缩小城乡差距。而区域空间要素理论，将城镇空间要素划分为点、线和面三个层次，阐述了城镇、城镇交通网络和城镇辐射范围的相互关系和优化发展途径，强调城镇节点在数量上和规模上的关系，通过不同城镇的分工与协调，以及城镇交通网络的有效利用，使得城镇功能得以充分发挥，最终服务于整个城镇空间系统。点轴开发理论继承了区域空间要素理论对空间要素的基本划分，并根据理论自身的逻辑，在城镇空间范围内选择具有开发潜力的交通干线，在此基础上培育和发展基础条件较好的中心城镇，确定城镇发展方向和功能，在城镇综合经济实力增强后再重点开发其他发展轴和中心城镇。网络开发理论不仅继承了区域空间结构要素理论，而且是点轴开发理论的进一步深化和推进，是点轴系统的延伸，能提高区域内各城镇节点与城镇腹地联系的广度和强度，通过新旧点轴的不断扩散和经纬交织，逐渐在城镇空间上形成一个城镇网络体系，促进城乡一体化发展。尤其是在中国城镇化滞后于工业化进程的客观现实条件下，将城镇空间结构作为研究对象，探索城镇节点与周边城镇组成的开放和动态系统网络的关系、城镇群与周边城镇群的空间联系、交通干线的优化布局、空间结构的优化布局，不仅有利于优化城镇内部空间结构，而且有利于促进城镇产业向周边城镇转移，实现大中小城镇协调发展，打破城乡二元经济结构。

## 2.4 城镇空间相互作用理论

### 2.4.1 空间引力模型

通过大量研究发现，空间相互作用随着距离的增加而减弱，这与我们的经验判断趋于一致。城市间的相互作用是通过引力与斥力来实现的，城市空间体系变迁取决于两者的合力，类似于增长极理论中的"极化效应"和"扩散效应"。当引力大于斥力的时候，城市中心会促使周边地区资源要素集聚，中心城市的规模越来越大，密度越来越高，城市空间随之逐步膨胀；当斥力大于引力的时候，资源要素会逐步向城市郊区扩散，郊区化和逆城市化占据主导地位，产业逐渐向外梯度转移，城市功能向边缘地区有机疏散，城市空间结构随之出现变化。只有这两种作用力不平衡的时候，城市空间才有调整和优化的动力;而当这两种力平衡的时候,城市空间则保持稳定。因此,有学者将牛顿万有引力定律引入经济学研究中,物体作用力的具体表达式如式(2-1)所示:

$$F_{ij} = G \frac{m_i m_j}{r_{ij}^2} \qquad (2-1)$$

式中:$F_{ij}$是物体 $i$、$j$ 的作用力,$m_i$,$m_j$ 分别为物体 $i$ 和 $j$ 的质量,$r_{ij}$ 是物体 $i$ 和 $j$ 的距离,$G$ 是万有引力常数。而在对地理空间相互作用关系的研究中,通常用城市规模作为替代变量代替 $m_i$ 和 $m_j$,$m_i$、$m_j$ 可以用人口规模、产业规模、就业规模等变量表示。为了区别空间引力模型和牛顿的万有引力模型,物体作用力表示为式(2-2):

$$F_{ij} = G \frac{P_i P_j}{r_{ij}^2} \qquad (2-2)$$

将式(2-2)中的常数 $G$ 变成城市的相对权重,分别用 $W_i$ 和 $W_j$ 表示,引力模型如式(2-3)所示:

$$I_{ij} = \frac{(W_i P_i)(W_i P_j)}{D_{ij}^b} \qquad (2-3)$$

式(2-3)中:$I_{ij}$ 为 $i$、$j$ 两个城市的相互作用力,$W_i$ 和 $W_j$ 为权数,$P_i$,$P_j$ 为 $i$ 和 $j$ 城市的人口规模,$D_{ij}$ 为两个城市间的距离,$b$ 为距离的摩擦指数。引力模型被越来越多的学者接受并运用,其中影响较大的是赖利(W. J. Reily)于1929 年提出的零售引力模型,他考察了美国得克萨斯州 225 个城市的贸易市场,发现城市市场吸收的零售顾客数量遵循引力模型,即城市从城镇吸收的顾客数量与城市人口规模成正比,与两地的距离成反比,其空间引力模型如式(2-4)所示:

$$\frac{T_a}{T_b} = \frac{P_a}{P_b} \left( \frac{d_b}{d_a} \right)^2 \qquad (2-4)$$

式(2-4)中:$T_a$ 和 $T_b$ 为中间城市被吸引到 a 城和 b 城的贸易量,$d_a$ 和 $d_b$ 分别为 a 城和 b 城到中间城市的距离,$P_a$ 和 $P_b$ 为 a 城和 b 城的人口规模。该理论引起了诸多学者的关注,其中较有代表性的是康弗斯(P. D. Converse)的理论,他发展了赖利模型,提出著名的断裂点(Breaking Point)概念。1964年,美国心理学家胡夫(Huff)也根据引力模型,提出了著名的胡夫模型[1]。1967 年,威尔逊(A. G. Wilson)从最大熵原理出发,定量分析一个封闭系统

---

① HUFF D L. A Probabilistic analysis of shopping center trade areas [J]. Land Economics, 1963, 39(1):81-90.

中两个空间之间的相互作用关系，发现最大熵解与引力模型解是一致的①。1991 年，王铮等把空间相互作用解释成人口与资金等要素在二维空间的运动，认为人口等粒子是有寿命的，其扩散和运动服从布朗运动原理，提出了描述空间相互作用的"人口粒子模型"。空间引力模型及其修正如表 2-1 所示。

表 2-1　　　　　　　　　　　空间引力模型及其修正

| 模型 | 赖利模型 | 康弗斯模型 | 引力模型 |
|------|----------|------------|----------|
| 形式 | $\dfrac{T_a}{T_b} = \dfrac{P_a}{P_b}\left(\dfrac{d_b}{d_a}\right)^2$ | $d_A = D_{AB}/1 + \sqrt{P_B/P_A}$ | $I_{ij} = \dfrac{(W_iP_i)(W_iP_j)}{D_{ij}{}^b}$ |
| 优点 | 指标明确，对于网点分析与布局具有指导作用 | 从赖利模型发展而来，适用于城镇，影响空间划分 | 从引力模型得出，表示城镇间相互作用 |
| 缺点 | 没有解释相邻城镇吸引力范围的界限 | 指标单一，仅给出了城镇之间的断裂点 | 参数难以确定 |

　　这些理论在没有得到事实验证的情况下，仅能是一种假说。虽然该理论对城镇空间结构布局和区位选址的意义不大，但对城镇空间结构优化有着重要的影响，因为人口的空间移动和迁移是城镇空间结构优化的重要内容，城镇需要进行不同的功能分区，使得促使资源要素和人口流动的引力和斥力发生动态变化，最终实现城镇空间结构的优化和城镇体系的协调，最大限度地发挥城镇居住、工作和休闲的功能。

### 2.4.2　城镇空间作用理论

　　城镇空间依据城市地理学的基本理论，其演进总是受不同社会经济客体、周边区域、其他社会经济客体影响。在这种空间相互作用、变迁、演进的进程中，形成一定结构、一定功能和一定规模的城镇体系。空间相互作用是非常复杂的，既包括城市和区域的宏观对象，又包括城市和区域内商业网点、城市综合体、文化设施、基础设施等在内的微观对象。在空间相互作用的内容上，既包括有形的物质、能量、人员，又包括无形的信息、技术、知识和文化等②。空间相互作用关系是一个复杂的进程，规范的分析已经不能满足客观发展的需

　　① WILSON A G. A statistical theory of spatial distribution models [J]. Transportation Research, 1967，（1）：253-267.
　　② 张炜，廖婴露. 推进生态文明建设的理论思考 [J]. 经济社会体制比较, 2009（03）：155-158.

要，要通过定量的方法研究空间的相互作用关系，需要在一定假设条件的基础上应用数学、统计学、物理学和信息技术研究成果进行跨学科的交叉研究。乔利（R. Chorley）哈格（P. Haggett）[①] 于 1967 年出版的《地理模型》引入物理学中热量传导的三种形式，将空间相互作用分为对流、传导和辐射。对流指的是物流和人口要素的流动，传导指的是要素对流的纽带，主要表现为货币流动，辐射指的是技术、知识、思想和政策的空间扩散。空间相互作用主要凭借交通网络、有线和无线的信息通信技术设施来进行。乌尔曼（E. Ullman）认识到空间相互作用的一般原理[②]，提出了互补性、移动性和中介机会三个原则。互补性来源于国际贸易理论开创者俄林（B. G. Ohlin），即地区之间自然、地理、气候、区位和人文等差异造成的生产结构差异，当这两种差异互补时就形成地区之间的贸易往来，也可以理解成两地的产品相对于对方来说都具有比较优势。介入机会在后来的学者斯托佛发展的迁移机会理论中提出，一定数量的人口在某一位置上运动，人数与距离的机会数成正比，与起止点间的介入机会成反比，尽可能减少介入机会是防止空间被袭夺的根本途径。移动性指的是生产要素和产品具有在地区之间空间运动的特征，影响移动性的主要因素是时间成本和空间成本，表现在运输成本上，这种运输成本直接影响区域比较优势、城镇空间集聚或者分散、城镇空间之间的联系程度等，也就是后来以克鲁格曼（Paul R. Krugman）为代表的空间经济学研究的重要内容[③]，空间的相互作用随着距离的增加而减弱，形成了著名的"距离衰减理论"。标准的距离衰减曲线表示为 $\log I_{ij} = a - b D_{ij}^{\,2}$，此外，指数模型、平方根指数模型、对数标准模型和帕累托模型等都被用来度量空间相互作用关系，如图 2-8 所示。

空间相互作用理论继续发展，形成了逐步空间扩散理论和空间迁移理论，也有学者在全球范围内考虑单一社会经济客体的空间作用关系，如科恩（Cohen）、弗里德曼（J. Friedmann）[④] 和沃尔夫（G. Wolff）[⑤] 于 1982 年提出的世界城市体系理论等。

①  CHORLEY R, HAGGETT P. Models in Geography [M]. Oxford：Oxford University Press，1967.

②  HARRIS C D, E L ULLMAN. The nature of cities [J]. Annals of the American Academy of Political and Social Science，1945，242：7-17.

③  KRUGMAN P. Space：the final frontier [J]. Journal of Economic Perspectives，1998，12（2）：161-174.

④  FRIEDMANN J. The world city hypothesis [J]. Development and Change，1986（17）：69-84.

⑤  FRIEDMANN J, WOLFF G. World city formation：anagenda for research and action [J]. International Journal of Urban and Regional Research，1982（3）：309-344.

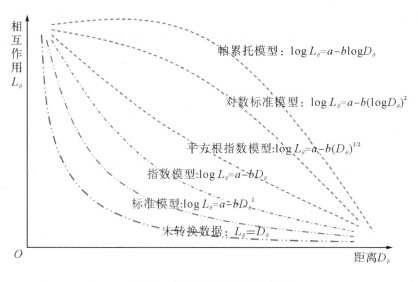

图2-8　距离衰减曲线及其模型

资料来源：TAYLOR P J. Distance transformation and distance decay functions［J］. Geographic Analysis，1971（3）：221-238.

### 2.4.3　空间相互作用理论对城镇空间结构优化研究的启示

基于交叉学科的视角，利用模型定量研究城镇空间引力和空间相互作用模型，起源于西方城市地理学，并逐步传播到我国学术界，是一个将空间问题模型化、空间结构定量化的契机。这些模型的方法和手段有利于指导本书在考虑城镇空间结构优化调整的复杂进程中，除了考虑城镇空间形态这一静态的要素，还要考虑城镇商业网点、城市综合体布局和产业分布对人口和经济重心的空间引力，从而更加科学地优化城镇空间结构。空间引力模型和空间作用理论为城镇空间结构优化的定量分析提供了有益的启示，通过对城镇最小邻距离、集聚度和场强值的定量分析，能够对城镇空间结构的现实格局做一个定量分析，以提高分析的准确性。

## 2.5　本章小结

古典区位论研究空间区位、运输成本对单个企业、企业群、城镇空间布局和发展的影响，是后来区域经济学、经济地理学、城市地理学和空间经济学等学科产生和发展的基础性理论。城镇空间结构理论主要通过分析城乡关系和空间要素，展开对城镇空间结构的研究。而空间相互作用理论则是从城镇之间的相互作用以及空间联系入手研究城镇空间结构。这些理论有利于为研究四川城镇空间结构优化提供基本体系和框架，有利于明确城镇空间结构优化的节点、轴线和域面等要素以及各要素之间的相互作用关系，有利于从城镇空间的宏观视角研究城镇空间的现实格局、引力大小和城镇空间结构的基本类型。但这些理论也存在不足：一是假设条件过于抽象，是一种完全理想化的理论模式，在现实中几乎很难存在。如杜能圈模式是完全均质下的理论模式，但与外界不发生任何联系的"孤立国"在现实中很少存在，且片面强调运输成本的作用，忽视了不同规模中心城镇的作用以及城镇空间联系的作用。二是考虑的分析要素相对单一，忽视了对客观经济活动的全面把握。如工业区位论假设已知材料供应地的地理分布、产品消费地的分布、城镇规模，在价格不变的条件下，工业布局依据成本最小化原则进行区位布局和城镇空间选址，此时，市场价格是瞬息万变的，完全竞争条件基本不存在，仅考虑了企业选址和布局成本要素，而忽略了更为关键的利润要素以及城镇空间整体环境因素。三是研究问题的方法和结论不能直接应用于指导四川城镇空间发展。如城乡二元结构理论即使排除严格的假设条件，但由于国情不同、发展背景不同、社会制度不同等，都需要进行理论与实践的再认识，进而应用于指导城镇空间结构优化的客观实践。即便如此，城镇空间结构基本理论依然对本书的研究有着重要的启示，具体如下：

第一，城镇空间结构理论指出发展中国家存在城乡二元结构，提出通过统筹城乡发展和城乡一体化发展，实现二元结构转化。因此，本书结合四川城镇空间结构优化的现实背景，不仅充分考虑了城乡二元结构的现实，还考虑了不同大小、规模的城镇之间的关系以及不同城镇群对促进城镇空间结构优化起到的作用。

第二，城镇空间结构基本理论，不仅明确了空间的节点、轴线和域面，强调城镇节点和轴线对城镇空间结构升级的重要作用，还在此基础上提出了开发的顺序和层次。因此，本书在城镇空间现实格局的综合分析上，厘清了四川城镇空间结构优化的原则、重点和主要内容，充分考虑了节点、轴线和域面的作用，明确了人口流动、产业布局、交通规划以及城镇群之间的相互关系对城镇空间结构优化的重要作用。

第三，空间相互作用理论更多的是采取定量的手段，利用交叉学科的研究成果和现代信息技术发展，从动态的角度客观度量城镇空间相互作用的大小，以此判断城镇空间的集聚值和类型。因此，本书将空间引力模型与地理信息系统相结合，以测算最邻近距离和城镇空间分布指数的方法，更加科学地划分四川城镇空间结构的类型，并在此基础上提出城镇空间结构优化调整的合理措施。

第四，克氏的中心地理论关注了城镇空间分布、规模、等级和职能的相互关系和规律，认为中心地体系受到三个条件或者原则的支配，分别是市场原则、交通原则和行政原则。本书在此基础上不仅详细分析了四川城镇空间结构的分布、规模和职能，而且结合四川城镇空间结构优化的客观实际，从理论上分析了政府作用机制、市场配置资源机制和社会公众协调机制，并且分析了阻碍机制运行的因素，提出了基于机制设计的城镇空间结构的优化路径。

因此，西方的区位理论、城镇空间结构理论和空间相互作用理论在方法上和分析框架上形成了严密的逻辑，已基本形成了一套完整的理论体系，但在将西方经典理论引入四川城镇空间结构变迁进程的客观环境中，需要明确四川省城镇空间结构的现实格局、类型和所处阶段，分析城镇空间结构优化的体制机制障碍，明确城镇空间结构优化的重点和内容，从而促进四川城镇空间结构优化调整。

# 3 城镇空间结构优化的内容及其评价

城镇作为经济、社会、文化和科技活动的载体，本身是一个复杂的系统和概念，因此需要合理界定城镇空间结构优化的内容及其分析框架。本章以城镇空间密度、城镇地域规模结构和城镇空间形态为重点来研究，始终围绕城镇空间结构优化的总体目标，将其分解为可以进行定量研究的子目标，并分析城镇空间结构优化的指标体系和评价方法，以便为第6章分析四川城镇空间结构优化所处的具体阶段做好理论与方法的铺垫。

## 3.1 城镇空间结构优化的含义

优化是工程技术、项目管理和经济管理研究的重要内容，它是在一定的资源要素约束条件下，通过有计划、有目的、有层次的活动，达到约束条件下的利润最大化或者效用最大化的状态，如优化资源配置、产业结构优化和空间结构等概念。城镇空间结构优化涉及经济、产业、人口等多种因素，是一个包含经济扩散、产业调整和人口迁移的复杂进程，既是一种经济行为，又是一种社会行为。城镇空间结构优化既能改变空间布局和空间形态中的无序混乱状态，提升空间生产的效率和质量，又能形成合理的城镇空间布局，使得经济发展与城镇发展相协调。

本书定义的城镇空间结构基于前面所讲的城镇空间系统，主要是指除乡村以外的城市、建制镇地域空间范围内所形成的生产功能区和生活功能区的空间布局和状态。当然，其中包括城市内部空间结构、单一的城镇空间结构和多个城镇空间构成的城镇空间系统，包括有形的建筑物、交通路网和无形的城镇功能、城镇规模等要素形成的空间组合和状态。

城镇空间结构优化指的是根据城镇发展水平、城镇发展阶段和城镇资源环境综合承载力的现实情况，通过改变城镇空间密度、城镇形态、城镇功能和城镇规模来达到城镇资源配置的最优状态。本书研究的城镇空间结构优化问题，主要是通过政府作用机制、市场配置资源机制和社会公众协调机制的共同作用，对城镇之间形成的城镇空间密度、城镇地域和规模结构、城镇空间形态进行的优化调整，是对城镇区位、功能定位、产业布局等进行优化调整，使之能够形成以特大城市为核心、区域中心城市为支撑、中小城市和重点镇为骨干、小城镇为基础，布局合理、层级清晰、功能完善的城镇空间格局。需要特别指出的是城镇空间结构优化方法中没有固定的数学模型，优化的目标和方法因时而异、因地而别，仅能通过一些简单的数据分析大致判断城镇空间结构各项指标的变化，本书将通过空间引力模型探讨城镇空间结构现实格局的具体类型，通过功效函数与协调函数判断四川城镇空间结构所处的具体阶段，通过空间滞后模型（SLM）对影响四川城镇空间结构优化的指标进行显著性分析。

## 3.2 城镇空间结构优化的内容及其分析框架

### 3.2.1 城镇空间结构优化的内容

城镇空间结构优化主要以四川行政区范围内的城镇空间密度、城镇空间地域和规模结构、城镇空间形态三条线索为研究内容，力求从宏观层面、中观层面和微观层面去把握四川城镇空间结构的全貌，并通过对机制的研究与分析，厘清城镇空间结构优化的体制机制障碍，最终实现四川城镇空间结构优化的总体目标——以特大城市为核心、区域中心城市为支撑、中小城市和重点镇为骨干、小城镇为基础，布局合理、层级清晰、功能完善的城镇空间格局。本书研究的三条线索具有非常强的逻辑关系，城镇空间密度是从四川省的宏观角度去研究城镇空间密集区与非密集区的空间分布，有利于分析四川省城镇空间的重心和格局，其中城镇空间密度包括了城镇空间密度和人口密度。城镇空间地域和规模结构从中观层次探索城镇间的相互关系及其功能、职能和规模的作用，空间地域结构是在分工的基础上形成的一定城镇功能及组合，各个城镇功能的有机组合形成了四川这个整体；规模结构主要依据经济规模、人口和产业规模探索城镇的布局以及在此基础上形成的各类城镇之间的关系。城镇空间形态是由单个城镇的功能和单个城镇在整个城镇集合内的职能演变而来的，城镇职能分化带动着城镇空间形态分化，因此从这个角度来讲，城镇空间形态是一个相对微观的概念。因此，本书以布局合理、层级清晰、功能完善的现代城镇空间格局为目标，从三条线索深入研究四川城镇空间结构及其优化问题，力争推进四川省城镇空间结构优化调整，同时对其他区域城镇空间结构优化起到一定借鉴作用。

### 3.2.2 城镇空间结构优化分析框架

城镇空间结构优化分析框架是本书的核心和重点部分，既是实证部分研究的重要内容，又是贯穿于全书研究的主线，其框架结构如图 3-1 所示。

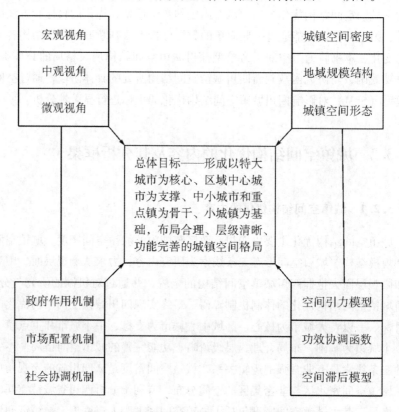

**图 3-1 城镇空间结构优化分析框架示意图**

城镇空间结构优化的分析框架主要是对三个研究层次、三条逻辑线索、三大实证检验和三大优化机制的综合分析，最终实现总体目标——以特大城市为核心、区域中心城市为支撑、中小城市和重点镇为骨干、小城镇为基础，布局合理、层级清晰、功能完善的城镇空间格局。总体目标包含了促进城镇空间合理布局的静态目标和推动城镇空间作用有序进行的动态目标。三个研究层次即从宏观层次、中观层次与微观层次去把握，以全面的视角去研究和探讨城镇空间结构优化的问题。三条线索即为城镇空间密度、城镇地域与规模空间、城镇空间形态，城镇空间密度从整个四川行政区范围内的宏观视角去把握城镇发展的重心，并确定城镇发展的重点和内容，城镇地域与规模结构从中观视角研究产业布局、功能定位和规模调整对城镇空间结构优化的影响，城镇空间形态从相对微观的视角结合城镇区位条件、发展水平以及其在城镇空间系统中的作用和功能进行研究。三个检验即承接三条线索进行，通过空间引力模型探讨城镇空间结构现实格局的具体类型，通过功效函数与协调函数判断四川城镇空间结构所处的具体阶段，通过空间滞后模型（SLM）对影响四川城镇空间结构优化的指标进行显著性分析。三大机制即从政府作用机制、市场配置资源机制与社会公众协调机制为切入点，对客观存在的体制机制障碍进行有效的疏导和调整，通过机制的有效运行最终实现总体目标。

### 3.2.3 城镇空间结构优化的作用

（1）城镇空间结构优化是具体落实新型城镇化进程的需要

城镇化是中国经济增长的重要推动力，中国城镇化率从 1978 年的 17.9% 上升至 2012 年的 52.57%，取得了举世瞩目的成就。然而城镇化的质量和效率却成为人们关注的焦点，空间城镇化的速度明显高于人口城镇化的速度。正因为土地和空间城镇化的进程过快，导致城镇的工作、生活和休闲的基本功能减弱，多个地方的"造城运动"导致"空城运动"，使得中国开始出现"鬼城"等现象。除了大规模投资造成的城镇空间和用地规模极度膨胀的速度超过了人口迁移的速度以外，更主要的原因还在于城镇空间结构不合理，资源要素过度集中在大城市，缺乏大中小城市之间的物质能量交换机制和畅通的要素流动机制。因此，李克强总理于 2013 年 7 月 9 日在广西调研时强调"推进以人为核心的新型城镇化，以发展服务业、创新驱动、淘汰落后产能等为抓手，加大结构调整力度"。其中的结构调整除了产业转移和产业结构调整以外，还需要对城镇空间规模、结构和功能进行相应调整。各项产业投资和产业转移除了考虑产业本身的经济价值外，还需要考虑其社会价值及其对城镇空间结构的影响。

（2）城镇空间结构优化是解决城乡二元结构的重要手段

刘易斯（A. Lewis）于 1954 年提出的城乡二元结构理论是对发展中国家影响深远的经典理论，费景汉、拉尼斯和乔根森分别于 1964 年和 1967 年发展了这一理论，该理论提出通过农村剩余劳动力转移促使城乡二元结构调整，强调的是人在城乡二元结构中的核心作用，具有重要的进步意义。然而，也应该看到大城市的集聚效应的形成促使交易成本和生活成本降低，是人口向大城市流动的重要"拉力"，大城市的集聚效应对周边城镇资源要素的吸引是促使劳动力转移的重要原因。然而，如果中小城镇资源要素具有比较优势，中小城镇能够提供足够多的工作机会和足够大的个人发展空间，还会存在劳动力向大城市流动的现象吗？答案当然是否定的。城镇空间结构调整，伴随着工业化、信息化和农业现代化进程。形成合理的城镇空间规模和一定的城镇职能分工，是解决城乡二元社会结构的另一个重要手段。

（3）城镇空间结构优化是形成完善的城镇体系的必然举措

城镇体系（Urban System）也称城镇系统，这一概念首先是在1960年代描述美国国家经济和国家地理时提出的，于1980年代开始在中国流行，这一概念指的是特定区域和国家范围内以中心城市为核心组成的一系列不同规模等级、不同职能分工且相互联系密切的城镇组成的动态系统，是城镇、交通纽带和城镇间经济贸易联系形成的动态有机整体。有形的城镇体系包括城镇、交通枢纽、城镇间的交通网络和无形的经济、信息和贸易流组成的有机整体，具有整体性，其中任何一个组成要素发生变化都可能产生"蝴蝶效应"，并通过交互作用和反馈效应作用于整个城镇体系。城镇体系具有层次性，从上到下由国家级、省级和地方级组成，是一个层次分明的整体，并且随着时间和经济发展阶段的变化而变化。基于这样一种纽带和传导机制，构建合理的城镇体系需要城镇空间结构的动态调整，需要国家在城镇规划和产业规划层面做好顶层设计，通过城镇空间结构的优化调整，构建合理的城镇体系，形成分工有序、职能互补、规模合理的新型城镇空间结构形态，促进大中小城镇协调发展，减轻社会经济运行的交易成本。

（4）城镇空间结构优化是区域经济协调发展的有效路径

由于区位因素、人口素质、资源禀赋和政策条件差异，中国区域经济差异除了表现为传统的东中西差距，还表现为南北差异和沿海、内陆和沿边地区的差异。不仅表现为省区与省区的差距，还表现为省内大中小城镇发展的差距。区域经济经历了1949—1978年的平衡发展阶段、1979—1991年的不平衡发展阶段和1992年至今的非均衡协调发展阶段，尤其是1978年至今形成的区域经济发展格局，使区域和城镇空间结构差异扩大，城镇空间既包括具有相当规模的长三角、珠三角、环渤海、北部湾和成渝城市群，又包括不通电、不通路的偏远山区。区域与城镇都包含了空间概念和空间因素，两者具有一定联系。因此，区域经济协调发展需要从城镇空间结构优化调整入手，需要调整产业的空间布局和关联产业的跨区域转移的有效机制，需要建立核心增长极向外发挥扩散效应的机制，需要采取哈里斯和乌尔曼提出的多核心城镇模式，逐步培育以中心城市为核心，以中心小城镇为重要组成部分的有机城镇体系。

（5）城镇空间结构优化是地区间劳动地域分工的必要条件

劳动地域分工是早期经济学研究的重要领域之一，斯密、李嘉图、马克思、赫克歇尔、俄林和里昂惕夫等经济学家都研究了这一理论，劳动地域分工与部门分工是社会分工的两种基本形式。劳动地域分工以地区资源要素禀赋的比较优势为基础从而形成市场竞争优势的地域分工形式，依靠运输条件实现生产地与消费地的贸易往来，其条件是生产地成本加运费小于在消费地生产同种产品的成本。劳动地域分工是形成产业空间和城镇空间结构的重要因素，城镇空间是劳动地域分工的重要载体和依据。而合理的劳动地域分工有利于城镇间互补和协作，并充分利用城镇资源禀赋比较优势，提高劳动生产效率。劳动地域分工形成的前提条件是比较利益优势和一定的交通网络，形成的动力是追求更高的经济效益，形成的最终结果是经济区和城镇空间形态，而一切的空间载体都是城镇空间。因此，城镇空间结构优化调整有利于形成合理的劳动地域分工体系，从而提高城镇间经济产业运行的效率。

## 3.3　城镇空间结构优化的评判目标和方法

### 3.3.1　城镇空间结构优化目标

城镇空间结构优化的总体目标是以特大城市为核心、区域中心城市为支撑、中小城市和重点镇为骨干、小城镇为基础。其总体目标由两个子目标组成，分别是静态目标和动态目标。静态目标即是促进城镇空间结构布局合理，具体包括城镇空间合理布局、合理的城镇等级体系和合理的劳动地域分工等。动态目标是推动城镇空间结构高度协调，包括大中小城镇协调发展、区域经济联系日益增强和城乡空间形态逐步升级。城镇空间结构优化可以从静态角度通过最近邻距离、场强值与集聚值来确定城镇空间结构的具体类型，也可以通过协调函数与功效函数判断城镇空间结构所处的具体阶段，还可通过空间自相关、空间聚集、空间关联效应等方法来判断影响城镇空间结构优化的因素及其显著性。因此，不管是城镇空间结构优化目标的逻辑分析，还是具体的实证度量，都有很多经典的方法和理论可供借鉴。本节重点从理论角度阐述城镇空间结构优化的目标。

#### 3.3.1.1　静态目标：促进城镇空间结构布局合理

一是大中小城镇布局合理。城镇空间结构、形态和布局的现状和格局是一个静态概念，城镇空间结构优化的目标之一就是促使城镇空间合理布局，包括城镇地理位置的合理选择、城镇之间的交通路网密度适中和城镇物质能量交换机制的畅通有效。在合理布局的城镇空间里，大中小城镇、大型产业基地和城镇经济走廊形成的空间格局，既能够保障城镇生产、生活和休闲三个基本功能，又能够保证城镇经济运行维持最低的交易成本。城镇空间合理布局有三个最为核心的问题，即城镇内部空间结构、城镇外部空间和城镇间实现物质能量交流的有形和无形的交通、通信基础设施等。城镇发展往往是资源、地形、气候等自然因素和交通、政策、人文环境等社会经济因素综合作用的结果。由于城镇发展存在惯性，城镇内部空间已经形成了一定的格局和景观，这种格局大都存在一些阻碍城镇进一步发展壮大的因素，或者即使城镇空间与城镇发展能够有机耦合，但是由于社会经济的发展变化，城镇空间也可能存在阻碍城镇进一步发展的阻力和障碍。因此，城镇空间结构优化的核心目的之一就是要促进城镇内部空间结构优化。城镇外部空间是城镇与周边城镇或者乡村构成的有机整体，在这种系统内最核心的问题是城乡空间形态差异，缩小城乡差异，建设有机循环的城乡空间形态是城镇空间结构优化的重要目标。城镇间的基础设施和通信设施是实现城镇物质能量交流的基础和手段，只有基础设施规模和水平达到一定程度，城镇空间结构优化才能实现。因此，城镇内外部空间结构和城镇间联系的纽带是城镇空间结构优化的重要目标。

二是城镇人口和土地规模最优。引导人口合理流动，促进土地利用效率的提高是城镇空间结构优化的重要目标。城镇规模主要包括人口规模和土地规模。城镇人口规模随着社会经济的发展逐步发生变化，如表 3-1 所示。城镇人口可能存在总量偏大、人口密度偏高的问题，超过了城镇资源环境承载能力。因此，引导大城市人口向中小城镇转移，是城镇空间结构优化的重要目标。

表 3-1　　　　　　　　关于城镇规模的定义和划分

|  | 人口（万人） | 建成区面积（平方米） |
|---|---|---|
| 巨大型城市（大都市） | 500~1 000 | 500~1 000 |
| 超大城市（中等都市） | 200~500 | 200~500 |
| 特大城市（小都市） | 100~200 | 100~200 |
| 大城市 | 50~100 | 50~100 |
| 中等城市 | 20~50 | 20~50 |
| 小城市 | 10~20 | 10~20 |
| 大镇（特小城市） | 5~10 | 10~20 |

表3-1(续)

|  | 人口（万人） | 建成区面积（平方米） |
|---|---|---|
| 中镇（超小城市） | 2~5 | 2~5 |
| 小镇（巨小城市） | 1~2 | 1~2 |

资料来源：根据国家统计局和住建部网站整理所得。

此外，城镇土地规模或者空间规模是衡量城镇规模的另一个重要指标。城镇空间结构布局是一个资源禀赋、要素条件和人口规模等条件限制下的空间选址问题，正如克拉克（C. Clark）和西什（W. Z. Hirsch）所说，理论上存在一个最优的城镇空间规模，当城市管理提供公共服务所花费的人均成本最少，即是城镇的最优规模，如图 3-2 所示。

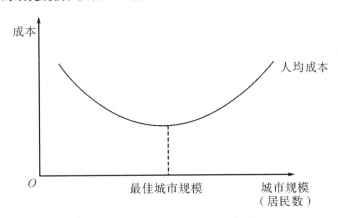

**图 3-2　城镇的最优规模示意图**

资料来源：张敦富. 区域经济学原理［M］. 北京：中国轻工业出版社，1999：72.

如果城镇空间布局过于分散，城镇基础设施建设资金压力大，建设效率低，城镇公共服务供给不足，居民生产生活面临着巨大的"转移成本"，城镇本身的规模优势得不到发挥。如果城镇空间结构过于集中，会导致城镇交通拥堵、环境污染、城镇公共服务使用过度，还会伴随城镇犯罪率高、社会风险大、城镇空间景观遭受巨大破坏等诸多弊端。因此，当城镇空间结构不合理的时候，需要发挥市场对城镇空间资源配置的基础性作用，同时需要辅之以政府政策和社会组织等社会经济运行主体的积极作用。因此，既要防止城镇空间结构过于分散造成的资源浪费，又要防止城镇空间布局过于集中造成的资源过度使用，使城镇空间保持一个动态平衡的合理结构。

三是城镇地域分工合理。分工是社会经济发展到一定程度的产物，能提高劳动者的熟练程度，降低劳动转化的时间成本。随着分工的深入和发展，逐步产生了地域分工，主要是具体物质生产部门形成的专业化生产在地域空间上的体现。地域分工的前提是在一定运输条件下产品生产地和消费地的分离，区域间的贸易和交换是地域分工形成的动力。城镇在社会化分工的进程中逐渐形成自身的专业化和高级化，并逐步在该地域占据优势和主导地位。由于某种产品的资源、要素和生产效率的比较优势，会使产品的产量大大提高，从而除了满足本地区城镇生产生活的需要外，还需要通过运输实现产品区际贸易，实现产品最终的跨地区消费。这种生产的集中会导致生产活动在空间上形成一定的"投影"，即形成一定的城镇空间形态。而这种空间形态存在惯性，往往需要优化调整城镇空间结构以实现城镇地域分工的深化和升级，城镇空间结构优化与城镇地域分工是有机联系的整体，两者互相促进，并共同提高。城镇空间结构优化一方面可以增加交通干线的数量、提高交通网络的密度、增加交通线路的通达性，实现城镇地域分工专业化和地区化水平的提高，加快横向一体化进程，并最终提高地域分工的效率。另一方面，地域分工的合理化和高级化也可以推动城镇空间形态和结构的升级和调整，最终形成人口、空间和产业良性互动的有机体系。

### 3.3.1.2 动态目标：推动城镇空间结构高度协调

一是大中小城市与城镇协调发展。大中小城镇协调发展是城镇空间结构优化调整的重要目标。改革开放以来，中国规避"大城市病"和推动城镇协调发展的政策是"控制大城市、积极发展小城镇"的思路。但是随着城镇化进程的加快，从全国范围看，大城市的辐射范围大，对城镇人口产生了巨大的拉力，从全国来讲内陆省份人口向东南沿海流动的趋势基本不变，从省域范围来讲，人口向省会和个别省内大城市流动也是一个客观事实。因此，大城市规模并未受到限制，而小城镇也未能达到预期规模。进入21世纪后，政府提出"有重点地发展小城镇，积极发展中小城市，引导城镇密集区有序发展"。"十一五"规划提出"坚持大中小城市和小城镇协调发展，积极稳妥地推进城镇化"。"十二五"规划提出"促进大中小城市和小城镇协调发展""有重点地发展小城镇"。随着社会经济的发展，政府对大中小城市与小城镇的关系问题，逐步从矛盾对立的状态转为协调、统一的状态，而这样的协调统一不仅需要产业调整和人口有序转移，还需要城镇空间结构的优化调整。城镇空间结构优化需要大中小城市在规划布局和拆迁重建的过程中依靠交通干线将产业和城市的基本设施逐步扩展到小城镇。小城镇需要转换思路，避免"摊大饼"和"撒胡椒面"的方式发展①，应该重点关注城市圈、县域城镇和城市周边城镇的发展，积极、主动地融入产业扩散进程和城市空间结构调整过程。大中小城市和城镇协调发展是一个动态的进程，包括物质能量交换和贸易流的动态发展、协调机制的动态循环和作用。因此，城镇空间结构优化的动态目标是促进大中小城市和城镇有形的物质循环系统和无形的运作机制协调发展。

二是落实区域主体功能区划。2006 年 10 月，国务院公布的《关于开展全国主体功能区划规划编制工作的通知》标志着国家开始重点关注国土空间开发。主体功能区不是区域规划、城市规划或者经济发展规划，而是根据资源环境承载能力、现有的开发强度和发展潜力，统筹考虑人口分布、经济格局、资源利用和城镇化格局，将国土空间划分为不同种类的空间单元。它将全国国土分为优先开发区、重点开发、限制开发区和禁止开发区。这里的限制开发指的是限制大规模和高密度的工业化城镇化开发，并不是指所有的开发活动。对重点生态功能区要限制大规模、高强度的工业化和城镇化开发，但要允许一定规模的资源和矿产开发；对农产品主产区也要限制大规模的工业化、城镇化开发，但要鼓励农业开发。主体功能区划依靠主体功能区的定位和要求来支撑和发展，主体功能区的功能定位和分区如表 3-2 所示。

表 3-2 主体功能区功能定位与分区

| 主体功能区 | 功能定位（内涵） | 功能分区（产业档次） | 强度分区 |
|---|---|---|---|
| 禁止开发区（生态地区） | 具有重要生态保护价值的非建设用地，不允许开发 | 保护型产业，以提供生态产品的功能区为主 | 低密度建设 |
| 限制开发区（乡村地区） | 近期内不进行大规模开发建设的农村用地，但可以进行道路和基础设施建设的地区 | 储备型产业，以生态农业和休闲旅游业为主 | 中低密度建设 |
| 重点开发区（城镇地区） | 经济发展相对滞后，发展潜力大，需要在规划期间重点拓展开发的地区 | 强化型产业，产业档次中等，需要扶持、开发的产业类型，如现代制造业和传统优势产业 | 中高密度建设 |
| 优化开发区（城市地区） | 发展基础较好，需要在规划期内提升其区域地位的城镇及其产业集聚区 | 提升型产业，产业档次高，需要进一步提升、发展，如综合服务业和商贸物流产业 | 高密度建设 |

资料来源：根据 2011 年 6 月发布的《全国主体功能区规划》整理所得。

———————————

① 魏后凯. 我国宏观区域发展理论评价 [J]. 中国工业经济研究，1990（1）：76-80.

由表 3-2 可知，城镇作为重点开发区，经济发展相对落后，发展潜力巨大，需要在主体功能建设进程中重点拓展和开发。城镇是区域的主要空间构成要素，是主体功能区划制定和分区需要重点考虑的因素，在一定程度上说明城镇的规模和开发密度、产业布局在城镇中的形态和空间结构、城镇与资源环境的关系、城镇在城镇生态系统内的地位和作用是主体功能区划的主要依据。因此，城镇空间结构优化必须与城镇所处区域的主体功能相一致，需要通过城镇空间结构、形态使城镇空间资源重组、布局，需要通过优化城镇空间结构来达到落实区域主体功能定位的目标。

三是促进城镇空间形态升级。空间形态理论由马奇和马丁于 1972 年在英国创立，认为城镇空间形态由空间元素构成的开放与封闭的空间和各种交通组带组成。随着研究的深入，逐步将城乡空间形态纳入研究范围。城镇和城乡是相互联系但又相互区别的，严格意义来讲，城镇是城乡的重要组成部分，而城乡包括城镇和乡村，两者具有不同的地域功能和演进规律。当一国工业化和城镇化达到一定规模以后，城乡二元结构的空间格局开始逐步消除，开启城乡融合和城乡一体化进程，城市的现代元素向城镇延伸，并开始向乡村渗透，而乡村的自然景观和自然特征开始向城镇渗透。这种城乡融合和一体化发展的格局必然通过一定的空间形态表现出来，构成了特定的城镇空间形态，其本质是城镇关系在空间上的外在表现，是一定区域空间范围内城乡融合和城乡一体化发展的形式状态。而城镇作为区域的一个节点，是城乡地域空间的核心和集聚地。城镇空间结构优化，促使城镇空间形态升级，不仅包括有形的城镇物质空间形态，还包括无形的城镇社会空间形态。城镇空间形态表现出来的有形的物质空间形态可以在短时间内通过规划、设计和重建完成，如单核集中点状结构模式、星形连片放射状结构模式、线性带状结构模式、分散型城镇结构模式、紧凑城市结构模式等城镇空间形态等都是可以通过城镇发展规划来完成的。无形的城镇空间形态，如田园城镇形态、健康城镇形态、生态城镇形态、环境优美、城乡一体的城镇形态等，虽然在政府政策作用下实施和开展，但需要很长的时间才能完成。因此，城镇空间结构优化的目标是城镇空间形态升级，其具体重心包含了有形和无形双重目标，有利于整体提升城镇空间的形态和品质。

四是探索合理的城镇发展模式。城镇发展具有多种模式，城镇发展模式的选择是偶然性和必然性的统一。其必然性表现为城镇发展所依赖的自然资源、气候条件、地形地貌和地理位置是一个既定的客观条件，在此基础上发展起来的城镇具有不同模式，比如矿产丰富的地区可依靠资源开发，形成同心圆城镇发展模式，而依靠河流和其他交通干线发展起来的城镇可能呈现出"带型"

模式。同时，城镇发展模式突变或者转型具有偶然性，城镇发展水平、规模和空间结构调整依赖于科学合理的城镇规划设计，而这种规划决策本身是多方利益集团博弈后的结果，能否代表城镇最优规划设计方案是一个不确定的概念，就像公共选择理论表现出来的决策结果不一定是公众最优的选择。因此，城镇发展模式的选择需要结合诸多因素，需要通过城镇空间结构优化调整和城镇空间形态升级等手段，充分利用具有一定集聚规模效应的自身特色，利用城镇在大中城市和广大农村地域间的地缘优势，选择合适的城镇发展模式。通过对城镇所处的区位特征和城镇在城市分工的地位和职能，选择不同的发展模式。如离城市较近并具有较好环境和生态资源的城镇，可以通过城镇空间结构的优化调整，合理规划生活服务业，吸引人口空间转移，从而形成分工合理的城镇空间发展格局。而具有一定交通优势和产业基础的城镇，则可以利用土地和劳动力优势，积极承接大中城市的技术扩散和产业辐射，在产业集聚与扩散机制的作用下，为城镇空间结构优化提供不竭动力。

### 3.3.2 城镇空间结构优化指标体系

#### 3.3.2.1 指标选择原则

城镇空间结构优化是不同城镇发展阶段下充分利用城镇空间资源、减少社会经济运行的交易成本、提高城镇空间布局科学性和合理性的重要手段。需要考虑当前的新型城镇化背景下由经济发展、产业布局与城镇空间等所形成的城镇空间密度、地域结构与规模结构、城镇空间形态，考虑城乡二元结构与城镇空间布局的矛盾，以及区域经济联系日益密切的条件下城镇地域分工和大中小城镇的协调发展问题。因此，对城镇空间结构优化需要构建合理的指标体系进行，需要认识到以下三点原则性问题：

第一，动态性原则。城镇空间结构优化过程具有动态性，城镇是社会经济活动的空间载体，城镇是各种资源、要素、产业和人口等要素运行的"社会容器"。一方面，这种要素随着时间的变化，其规模和总量总是在不断积累和增长，并且随着社会经济的变化，会出现积极或者消极的方向，其进程本身是波浪式和曲折的，因此城镇空间结构调整的过程具有动态性。另一方面，城镇各种资源要素会变化，与周边相同等级的城镇资源要素的相对量会发生变化，引起城镇比较优势的变化，从而影响城镇产业和经济的竞争优势变化，因此城镇空间结构优化需要考虑这种动态因素，其自身应该是动态的。加之城镇空间结构优化的主体利益变化和系统运行的保障机制、动力机制和协调机制的动态性，使得城镇空间结构优化进程具有动态性。

第二，整体性原则。城镇空间结构优化对象具有整体性，城镇空间结构优化涉及的资源、要素和产业等组成部分，是城镇空间结构系统的重要部分，在城镇空间地域分工和城镇体系的整体框架中都自发形成了自身的功能和角色，类似于自组织理论（Self-organizing Theory）各个自组织系统的演变过程。一方面，这种组成部分存在特定的运行规律和条件，单一部门、单一企业或者单一阶层作为城镇空间结构优化的对象，具有系统内的整体性特征。更为重要的是部门间、企业间和阶层间形成的相互依赖、相互联系的企业集群或阶层集中构成了城镇地域范围运行的有机整体，因此城镇空间优化涉及空间结构变迁对系统内各个部门或阶层的影响，具有整体性。另一方面，城镇空间系统内的各要素的改变和调整，会影响局部的空间职能和空间结构的改变，从而通过特定的传导机制影响到整体系统，因此城镇空间结构优化对象是一个有机循环的物质整体。

第三，相对性原则。城镇空间结构优化目标具有相对性，城镇空间结构优化是一个渐进的、逐步调整的进程，由于其自身的复杂性和客观环境的动态变化，其优化不可能一蹴而就，因此城镇空间结构优化后的空间形态由低级向高级调整后的结果也不可能是最终的形态或者最满意的结果。从经济和城镇的发展阶段来讲，城镇空间是按特定客观规律演变的社会经济活动的载体，由于这种形态演变处于不断变化的过程中，在特定时间内做出的城镇空间结构优化决策并不一定是最优的，因此需要这种决策和规划具有一定的前瞻性。从地域空间范围来讲，城镇系统内还有相互联系、相互作用的子系统，城镇空间结构优化布局不可能满足所有子系统的利益，因此也表现出了相对性的特征。

### 3.3.2.2 指标设计概况

城镇空间结构优化的动态分析需要借助功效值与协调度进行客观的定量分析，首先涉及的问题是指标的选择与处理。一般来讲，指标分为单项指标、复合指标和系统指标，其中单项指标主要是评价事物某一方面特征的指标，具有较高的准确性，但反映的信息较少，系统指标虽然对问题的反映比较全面，但涉及的问题和信息维度较为复杂。因此，本书选用单项指标与复合指标结合的方法，旨在全面反映城镇空间结构的动态变化及其协调关系，主要包括城镇空间密度系数、经济首位度指标、城镇化水平、城镇地域规模、城镇路网密度、城镇空间联系和城乡二元系数，通过的各个单项指标与复合指标的综合分析，对城镇空间结构进行指标设计，各指标的含义及其相互关系将在后文进行详细说明。

### 3.3.3　城镇空间结构优化的评价方法

城镇空间结构优化指标评价体系，是一个复杂的系统，单纯用指标反映城镇空间结构问题显得过于简单，容易忽略指标间的相关作用关系和指标影响大小，因此需要对指标进行技术修正使之更好地解释目标函数，本书采取的主要是熵技术修正下的层次分析法（AHP）。目前，熵技术对指标权重的赋值主要有主观赋权法和客观赋权法两种，主观赋权法包括二项系数法、专家打分法、环比评分法和层次分析法，客观赋权法主要包括主成分分析法、多目标规划法和熵技术法。其中，层次分析法（Analytic Hierarchy Process，简称 AHP）是美国运筹学专家匹茨堡大学教授萨蒂（T. L. Saaty）于 20 世纪 70 年代初提出来的，是一种定性与定量的综合分析方法，将目标函数分解成目标、准则和方案等，并在此基础上提出网络系统理论和多目标综合评价方法，其主要步骤如下：

#### 3.3.3.1　构造判断矩阵

构造判断举证是层次分析的第一步，AHP 信息来源主要基于人们对各个层次不同因素之间的判断，具有一定的主观性。根据对目标函数的分析与判断，将各个元素对整体目标决策的影响分为不同的层次，然后两两对比，采用相对尺度，尽可能减少两因素间由于单位和量纲的影响带来的困难。判断矩阵是一个正互反矩阵，其特点是 $a_{ij} > 0$，$a_{ij} = 0$，$a_{ij} = 1/a_{ij}$，$i = 1，2，\cdots，n$。在判断指标的选择问题上，指标太多容易导致判断信息失真且出现指标相互矛盾的情况，指标太少容易造成对目标值函数的信息采集过少。因此，选择适当的指标个数对构造判断矩阵进而进行层次分析具有重要作用，心理学家认为指标个数最多不宜超过 9 个。

#### 3.3.3.2　各指标权重系数计算

指标权重的计算是层次分析法的重要步骤，对于矩阵 $A$，满足式（3-1）的特征根与特征向量为所需要的权重向量，如下：

$$A \times W = \lambda_{\max} \times W \tag{3-1}$$

式（3-1）中，$\lambda_{\max}$ 为矩阵 $A$ 的最大特征根，$W$ 为对应于 $\lambda_{\max}$ 的正规化特征向量，求最大特征值与特征根的方法有根法和积法，对于高阶矩阵的特征根与特征向量计算一般需要借助软件。

#### 3.3.3.3　一致性检验

层次分析法本身是一种主观赋权法，本身具有一定的主观性，由于不同研究者对同一问题的看法不一致，甚至同一研究者在不同时期所做出的判断不一致等，判断矩阵有可能出现相互矛盾的情况，因此需要对判断矩阵进行一致性检验，从而保持各位研究者对同一问题的逻辑判断趋于一致，具体包括一致性检验指标 $CI$ 和一致性比率 $CR$，其中 $CI$、$CR$ 分别展示为式（3-2）、式（3-3）：

$$CI = (\lambda_{max} - n)/(n - 1) \tag{3-2}$$

$$CR = CI/RI \tag{3-3}$$

当 $CR<0.10$ 时，认为决策者的逻辑是合理的，其思维具有一致性，可以采用判断矩阵进行层次分析。

### 3.3.3.4 建立功效函数和协调度函数

设变量 $u_i$（$i=1, 2, \cdots, n$）是系统的序参量，取值为 $S_i$（$i=1, 2, \cdots, n$），$\alpha_i$ 和 $\beta_i$ 分别是系统稳定临界点的序参量的上、下限，则序参量对系统有序的功效可表示为式（3-4）：

$$U(u_i) = \begin{cases} \dfrac{S_i - \beta_i}{\alpha_i - \beta_i}, & \text{当 } U(u_i) \text{ 为} \\[2mm] \dfrac{\beta_i - S_i}{\alpha_i - \beta_i}, & \text{当 } U(u_i) \text{ 为} \end{cases} \tag{3-4}$$

功效函数对应的目标值越大越有利时叫作正指标，对应的目标值越小越有利时叫作逆指标，$U(u_i)$ 为变量 $u_i$ 对系统的功效值，上述功效函数表示 $u_i$ 越大，对系统贡献度越大，反之越小。

协同论认为系统同内部各子系统由无序走向有序的关键在于个系统之间的相互作用，协调度函数正是反映这种相互作用的关系函数，协调度函数实施是对系统功效值 $U(u_i)$ 的综合，方法如下：

（1）几何平均法：$C = \sqrt[n]{\prod\limits_{i=1}^{n} U(u_i)}$。

（2）加权平均法：$C = \sum\limits_{i=1}^{n} W_i U(u_i)$，其中 $\sum\limits_{i=1}^{n} W_i = 1$。

两种方法测算出来的 $C$ 值为 0 到 1 之间，当 $C=1$ 时，表示系统目标函数协调度最大，城镇空间结构向着调整升级后的新格局发展；$C=0$ 时表示目标函数协调度最小，城镇空间结构将向无序方向发展。一般而言，$C=1$ 或者 $C=0$ 都是极端情况，大部分情况下，$0<C<1$。$C$ 值不同，其目标函数协调度等级也不同，借助模糊数学思想，本书将相近的协调度界定为同一层次，将协调等级划分为连续的若干区间，每个区间代表不同的协调等级，本书第 6 章将协调度分为八个等级，0.5 是系统目标函数协调与不协调的分界点。

## 3.4 本章小结

通过对城镇空间结构的优化内容及其评价的理论构建与方法说明，对后文研究城镇空间结构优化的评价方法做了详细说明，并形成了围绕城镇空间结构优化的总体目标下的分析框架体系，即通过宏观、中观和微观三个研究层次，对城镇空间密度、城镇地域规模结构和城镇空间形态三条主线展开研究，并对城镇空间结构现实格局的类型、评价方法和影响因素的显著性进行研究，通过理顺政府作用机制、市场配置资源机制和社会公众协调机制的体制机制障碍，推进城镇空间结构优化的机制设计。

# 4 城镇空间结构优化的机制研究

城镇空间结构优化是一个客观、复杂的社会经济现象，除了各要素、各主体、各系统运行效率对城镇空间结构优化存在影响外，要素、主体和系统间的组合和运行机制对城镇空间结构优化也存在至关重要的影响。本章研究城镇空间结构优化机制，与在城镇空间结构优化内容基础上构建起来的框架结构形成对应关系，对四川城镇空间结构运行的体制机制障碍进行理论探讨。政府作用、市场行为和社会公众对城镇空间结构的演变起着至关重要的作用，因此，研究城镇空间结构优化的机制主要从政府、市场和社会三个角度，分别探讨政策、政府投资、政府协调的政府行为，价格调节、产业转移和要素集聚的市场行为，以及公众参与、社会组织的社会行为对城镇空间结构运行的作用机制与作用路径。

## 4.1 城镇空间结构优化机制的界定

### 4.1.1 机制的起源、概念及其在经济学领域的应用

"机制"一词最早源于希腊文，指的是机器的构造和工作原理，后来被广泛应用于解释自然现象和社会现象，指的是事物内部组织的构成要素及其变化运行的客观规律。机制在系统中起着根本性和基础性作用，良好、有效的机制能够使系统接近于"自适应系统"，在外部条件发生随机变化时，系统可以通过自身的反馈、调整和自适应，实现系统目标的自动优化。而随着研究的逐步深入，机制理论取得了长足的发展，并于 2007 年在赫维兹（L. Hurwicz）、马斯金（E. Maskin）和梅尔森（R. Myerson）等学者的推动下，机制设计理论取得了经济学领域的最高荣誉。简单地讲，机制设计理论所讨论的核心问题是要在自由选择、自愿交换、信息不完全及决策分散化的条件下，制定一套合适的政策、规则和措施，使得社会经济参与主体的利益与目标设计者既定的目标相

一致。从机制设计的范围来讲，其大小可以是任意的，大到整个宏观经济发展目标的机制设计，小到委托-代理问题的机制设计。在经济全球化和区域经济一体化的背景下，李克强总理强调城镇化是中国未来经济增长的动力，设计一套行之有效的机制以优化城镇空间结构和形态，是中国工业化、城镇化、信息化和农业现代化建设的必然举措。

### 4.1.2　城镇空间结构优化机制的内涵

城镇空间结构优化机制指的是城镇空间结构构成的要素以及要素之间相互联系、相互作用的原理。城镇空间结构形成的模式具有多样性，不同模式的要素构成结构是不同的，其相互作用和相互影响的具体路径存在差异，但是背后所隐藏的运行原理是客观、必然和普遍的，其所隐藏的政府作用机制、市场配置资源机制和社会公众协调机制本身有着某种相似性。因此探索城镇空间结构优化机制是明确城镇空间运行主体、厘清空间要素交流障碍、提高城镇空间生产效率的有力保障。

城镇空间结构优化需要协调城镇空间运行主体的各种矛盾和利益诉求，需要引导社会利益与既定目标利益一致，需要行之有效的顶层设计来约束、引导和调控各种空间行为，归根结底是需要设计一套行之有效的机制，使得这种机制能够自动形成一套完整的"自组织系统"，自动调节城镇空间结构和形态，使之达到既定目标。只有通过城镇空间结构优化机制设计，才能落实城镇化的各项目标，解决城乡二元结构矛盾，形成完善的城镇体系，落实劳动地域分工，最终达到大中小城镇协调发展和城乡空间结构升级等静态和动态目标。

### 4.1.3　城镇空间结构优化机制涉及的主要要素

城镇空间结构优化机制涉及空间运行的各个行为主体，主要包括政府、企业和居民等，因此需要从政府作用机制、市场配置资源机制与社会公众协调机制三个方面探索城镇空间结构的优化机制。在中国特殊的国情下，政府对城镇空间结构优化调整具有至关重要的作用，政府投资产业可以形成关联产业集聚，从而构成新的城镇形态；而政府制定的规划和政策可以引导城镇空间结构调整升级；政府还充当企业和居民面临利益冲突时的调节者等。企业是经济发展的重要推动力，是产业的具体外在表现和组织方式，是城镇空间结构优化调整的重要推动力，受市场配置资源机制作用的影响，龙头企业的规模和发展潜力是城镇空间定位的重要参考因素。居民是城镇空间活动要素的主体，居民数量决定了城镇的大小、规模和城镇的兴衰。居民在城镇的空间分布和布局与土地租金或房价有关，随着城镇交通的发展，居住与就业的空间分离呈现扩大趋势（丁成日，2007）[①]，当然也有学者提出"职住平衡"以减少通勤成本，缓解交通拥堵状况，可见居民的空间分布与城镇空间结构优化息息相关，加之居民参与城镇规划建设的广度和深度严重影响着城镇空间结构的科学性与合理性。因此，明确政府、企业和居民是城镇空间结构优化的行为主体，需要在机制设计中利用政府、企业和居民的作用，并从政府作用机制、市场配置资源机制和社会公众协调机制三个方面对城镇空间结构优化机制加以构造和设计。

## 4.2　城镇空间结构优化中的政府作用机制

### 4.2.1　政策引导与规划控制机制

政策是政府依据相关法律法规制定出来的约束社会经济运行主体、调节社会经济行为的具体措施，政策对城镇空间结构影响的形式是多方面的，主要有经济社会发展计划、各种经济发展规划和地方性文件。凯恩斯（J. M. Keynes）是主张政府对经济干预的先驱，在市场失灵的情况下需要政府对经济有所作为。波特（M. E. Porter）提出著名的"菱形理论"也明确提出政府作用不可忽视[②]。弗里德曼（J. Friedmann）提出的"中心—边缘"模型，认为市场机制会导致发展差距扩大[③]，从而需要政府的干预作用。在自上而下与自下而上两种干预模式的讨论中，伊莱利斯（Iueris）提倡采用自下而上的干预模式，认为其可以提高生产要素的总体效率、充分动员地区人力资源与自然资源等优点。这些理论的产生和发展为政府与经济运行关系找到了更多的理论支持和依据，在"市场失灵"和"政府失败"的客观现实中有着折衷的方案，即提高政府干预经济的能力，强化政府决策的科学性、可持续性、可操作性。城镇是社会经济运行的空间载体，政府干预经济时，城镇空间结构优化布局必然带有"政府烙印"，而在中国的特殊国情下，政府对城镇建设和空间布局的作用尤其重要，城镇化和城镇建设甚至是政府主导型的（周其仁，2012），因此政策的推动和规划控制机制在中国城镇空间结构演变、优化和调整进程中起着至关

---

① 丁成日. 国际卫星城发展战略的评价 [J]. 城市发展研究，2007，12（2）：121-126.

② PORTER M E. The competitive advantage：creating and sustaining superior performance [M]. New York：Free Press，1985：123-222.

③ FRIEDMANN J. Regional development policy：a case study of venezuela cambridge [M]. Boston：The MIT Press，1966：15.

重要的作用。一方面，城镇建设和城镇空间布局需要受到国家、部门和地方政策的约束，这种约束的实质是政府对城镇空间的规划和引导，使得城镇空间布局在市场机制和政府意志的双重作用下，符合政府的整体战略部署和规划布局。另一方面，政府对特定空间采用特殊的区域政策和具体的规划指导，如保税区、综合改革实验区、经济技术开发区或者指定某个区域为重点开发的主体功能区等，都会促使产业投资跟进、交通网络完善和人口规模增加，从而形成一定规模和结构的城镇空间形态。当然，政府政策影响下，城镇空间实现合理布局的前提是政府决策的具有高质量和水平，需要通过科学的决策程序和方法确保政策制定的合理性和科学性。

### 4.2.2 政府投资与示范机制

投资是经济社会发展的"三驾马车"之一，城镇化的加快推进和发展为投资提供了更多的空间和机遇，然而城镇空间结构优化调整涉及交通、产业、公共服务等领域，其实质是政府行使其公共服务职能，向社会提供公共产品，公共产品由于具有非排他性和非竞争性属性，需要政府通过财政投资来提供。改革开放以来，经过几十年的发展，中国市场主导型投资机制基本形成，投资主体多元化格局形成，资本市场正在逐步完善，政府投资将会通过示范效应带动其他投资主体进行引致投资。其他投资主体包括企业、个人和国外组织机构等，投资多元化主体格局已经形成，能够为城镇空间发展和城镇建设提供源源不断的资金支持。而投资的推进和落实是以具体项目和特定产业为依托的，有的投资于特定产业会出现产业集聚和企业集聚现象，进而会形成一定的城镇空间形态和结构，有的投资于基础设施建设，进而会提高城镇的通勤效率和整体环境，有的投资于房地产，进而在城镇空间形成了居住和休闲的特定功能区。投资的引进与落实必然带来示范效应，又会引起引致投资或关联投资的进入，从而为城镇空间结构的形成与发展提供重要动力。尤其是外商直接投资（FDI）除了带来上述影响外，学者们还研究了其经济效应和其他效应，如邓宁（Dunning）于1981年指出FDI会产生技术外部性，从而扩大投资的溢出效应；卢卡斯（Lucas）于1988年将技术进步作为经济增长的内生变量，形成了内生经济增长理论，肯定了投资对经济增长变化的内生性[1]；还有的学者将FDI溢出效应归纳为示范效应、竞争效应、关联效应和人员培训效应等

---

[1] LUCAS R E. On the mechanics of economic development [J]. Journal of Monetary Economics, 1988, 22: 3-42.

（Kinoshita，1998）。FDI投资在经济全球化日益发生的背景下，必然引起投资所在区域的城镇空间结构发展巨大转变，如FDI会使产业、技术和人员素质产生示范效应，从而影响城镇经济空间和社会空间结构的改变。因此，政府投资与示范机制能够起着先导和带动作用，政府产业的落地和投产会产生示范效应和溢出效应，必然引起关联产业集聚，产业链逐步趋于完善，相关生产生活性服务业也会逐渐布局，进而形成一定的城镇空间形态，随着时间的推移，投资在地域空间上的具体形态会逐步形成规模，并通过交通网络向外围空间拓展。因此，政府投资与示范机制是城镇空间结构优化调整的重要机制，通过政府投资与引致投资的共同作用，为城镇空间结构优化调整提供源源不断的资金支持。

### 4.2.3　政府协调与控制机制

城镇空间结构优化是一个复杂的社会经济系统，在政府政策引导与推动机制、政府投资与示范机制、政府协调与控制机制等的相互作用、相互影响下推进并实现。投资规模的大小与布局、产业转移、空间资源的有效利用都是促进城镇空间结构优化的重要动力，在一定程度上说明城镇规模、空间和发展潜力都与这些因素息息相关，这些要素甚至决定了城镇的发展方向和命运。在中国，政治与经济是联动的，地方官员对辖区发展负责，一直贯彻执行"发展是硬道理"，地方官员的职业发展道路同辖区内财政收入和辖区发展捆绑在一起，地方官员对政治激励和财政激励做出理性选择，并积极地通过经济体制改革和招商引资承接产业转移，努力提升辖区的整体发展水平，使官员间、地区间主动或者被动地参与地区间的"标尺竞争"，致力于取得更好的经济绩效，以便在竞争中取胜[①]。尤其是在"一把手"对经济增长影响十分显著的情况下，地区之间的竞争更加激烈[②]，进而形成区域内发展迅速和区域间矛盾突出的现象。由于这种政治与经济联动的行政体制，区域空间资源竞争十分激烈，大中小城镇是产业投资布局的空间载体，这种矛盾将更加突出，因此需要建立一套完整的政府间磋商协调机制来协调城镇发展过程中的各种问题。协调机制的建立需要通过上级政府在制定城镇发展战略和发展规划时，充分收集资料并展开各种社会调查，广泛听取群众意见，将政府制定的发展规划和城镇资源禀赋优势、城镇发展水平结合起来，突出城镇发展的主导产业的发展重心，尽量

---

① 陆铭，陈钊. 中国区域经济发展：回顾与展望 [M]. 上海：格致出版社，2011：73.
② 徐现祥，王贤彬，等. 地方官员与经济增长——来自中国省长、省委书记交流的证据 [J]. 经济研究，2007（9）：18-31.

从机制设计安排方面避免矛盾的产生。通过上级政府牵头，搭建同级政府间的对话交流机制，通过沟通、谈判的方式以最低成本解决问题。因此，政府协调机制的建立是城镇空间优化布局的重要方面，只有通过政府协调才能最大限度地避免城镇建设和空间发展存在的资源浪费、重复建设、盲目竞争和产业同构等问题。

控制机制是处理城镇空间矛盾的一套机制，是对城镇空间结构指标体系反映出的具体问题的处理政策。控制机制的建立能够有效地解决各种空间的摩擦和冲突，对城镇空间结构优化起着重要的保障和控制作用。城镇空间结构优化的控制机制通过宏观指导性政策和危机处理的暂时性措施来具体落实。一方面，城镇空间结构规划和调整的决策是政策机制作用下城镇空间结构优化调整的重要动力，决策的合理性与科学性直接关系到城镇空间结构的布局和形态，科学、合理的政府优化决策对城镇空间结构起着基础性、根本性和全局性的作用，提高政府决策的效率和质量是城镇空间结构优化的重要保障，理顺决策程序，协调政府、企业和家庭的不同利益诉求是城镇空间结构优化的重要保障机制。另一方面，政府在处理特殊问题时也需要采用暂时性政策措施，比如重大项目、基础设施和重大惠民工程的规划布局，可能由于城镇空间的规划选址与各种经济主体的区位布局存在重合，必须制定临时性、局部性的措施来协调这种空间冲突。因此，政府宏观性政策或临时性措施的制定必须具有合理性和科学性，比如决策主体的确立、决策权的划分、决策组织的实施和决策组织的方式等都是需要明确的问题，控制机制运行的必要条件是要与决策运行的规律相符，权力分层和权力分散化是决策民主、科学的重要保证。因此，建立一套行之有效的控制机制，处理城镇空间结构优化进程中存在的空间冲突，是事中处理矛盾和问题的关键手段，对优化城镇空间结构至关重要。

# 4.3 城镇空间结构优化中的市场配置资源机制

## 4.3.1 价格调节机制

价格调节机制是城镇空间结构优化调整的基础作用机制，在城镇空间变化过程中，土地价格是重要标尺，是优势产业选择合理城镇空间的重要参考。价格机制还可以通过租金或房价杠杆，调整城镇家庭的空间分布和城镇空间选址行为。沃纳·赫希（W. Hirsch）对家庭和企业选址行为做过研究，简化成最简单的理论：家庭成员在收入减去交通费用后的预算约束条件下选择住房和非住房商品，以达到家庭效用最大化。家庭成员在城市中心工作，交通费用随着距离中心商业区的远近而增减，企业越是靠近中心商业区，土地租金越高。因此，城镇家庭必须在地租价格机制的作用下权衡企业距离中心商业区的远近和土地租金的高低。企业离中心区每英里（1英里≈1.6千米）所节约的土地边际费用正好等于交通费用的边际增加，如图4-1中所示的E点①。

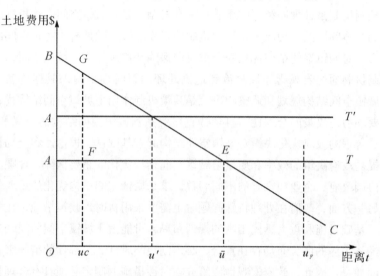

**图 4-1　家庭与企业在价格机制影响下的决策示意图**

资料来源：沃纳·赫希. 城市经济学 [M]. 刘世庆，等，译. 北京：中国社会科学出版社，1990：70.

企业选址同家庭住宅选址一样受到价格机制的影响，企业对土地投资和非土地投资采取的决策以追求利润最大化为依据，且满足边际产出递减规律。此时，企业希望靠近中心区，而其他企业考虑到运输成本和集聚利益，都会做出相同的决策，出价最高的企业才能使用离中心区最近的土地。因此，在接近中心区和低价格土地之间做权衡，最终的均衡点在如图4-1所示的E点。城市空间分布类似于一个同心圆分布模式，其中最中心的位置为办事企业，中环是工业企业，外环是住宅区域。然而现实中，居民收入状况、企业资金实力、居民与企业偏好等导致决策主体不可能同时往中心集聚，这就促使现实生活分散化，形成多中心模式。因此，受到土地价格或租金的影响，家庭和企业的分布在效用或利润最大化的决策下，形成了不同的城镇空间形态和结构，并随着生

① 沃纳·赫希. 城市经济学 [M]. 刘世庆，等，译. 北京：中国社会科学出版社，1990：68-88.

产生活条件的变化，城镇空间会逐步地调整和优化，但始终都遵循市场和价格规律，所以市场协调机制对城镇空间结构优化有着重要作用。

### 4.3.2 产业集聚与转移机制

产业集聚（Industry Cluster）指的是同一产业在特定地理空间范围内集中，产业资本要素在空间范围内不断汇集的过程。产业转移是企业将产品生产线部分或者全部由原生产地迁移到其他空间范围的现象。产业与城镇空间发展密切相关，产业是城镇空间结构形成的原始动力，城镇是产业形成和发展的空间载体和"社会容器"。本书的产业集聚与转移机制主要研究的是城镇通过综合手段承接产业及其产业链的转移，以及产业在城镇之间转移从而形成城镇之间功能完善且相互弥补的产业链条。马歇尔于1890年便开始关注产业集聚，认为产业集聚有三大原因：一是集聚能够加快专业化投入和服务的发展。意味着产业集聚会在产业资本的投入下吸引引致投资，并且随着产业的投入，服务业会逐步发展，而这都是产业资本、引致资本和服务业的发展在城镇空间载体中汇聚而成的形态，是城镇空间发展演进的动力。二是集聚能够提供专业市场供技术工人就业。意味着产业集聚会促进人口规模的增加和劳动素质的提高，既能提供专业市场产业发展所需要的劳动要素，又是产业和服务业发展的潜在市场。三是集聚方便企业间的技术溢出和交流。意味着各个企业在技术溢出作用下都会带来生产效率的提高，从而提升城镇发展的总体水平和竞争力，有利于城镇空间结构和城镇功能定位升级。产业集聚还会为企业、机构和基础设施的生产组织带来规模经济和范围经济，并促进要素空间联系和作用加强，共享基础设施。在马歇尔之后，产业集聚理论有很大发展，比较有影响力的是韦伯（Weber）的区位聚集理论[1]、熊彼特（Schumpeter）的创新产业集聚理论、胡佛（Hoover）的产业集聚最佳规模论[2]和波特（Porter）的企业竞争优势理论[3]，在各个方面涉及了产业与城镇空间结构变迁的过程。产业转移是一个更为复杂的问题，前提是转出地的城镇空间功能定位或者城镇空间密度与产业定位不相适应，转移将会影响转出地和转入地的城镇空间结构形态。弗农（R.

---

[1] WEBER A. Theory of the location of indsutries [M]. Chicago：The University of Chicago Press，1929：7-82.

[2] HOOVER E M. Location theory and the shoe and leather industries [M]. Cambridge：Cambridge Harvard University Press，1937：9-76.

[3] PORTER M E. The competitive advantage：creating and sustaining superior performance [J]. Free Press，1985：123-222.

Vernon）的产品生命周期理论对产业转移进行了重要研究，产品的生命周期分为四个阶段：创新、扩张、成熟和成熟后期阶段，如图 4-2 所示。创新阶段的企业一般选择在大城市布局，可以利用信息、市场、科技和销售网络优势，这一阶段表现出来的是大城市对要素的吸引和集聚效应，会促使城市空间密度和规模提升。只有当产品生命周期处于扩张阶段时，产业会向中等城市转移，而处于成熟或者成熟后期时，产业开始向相对落后的中小城镇转移。这种产业转移的过程类似于等级扩散或者梯度转移，转移遵循由高等级城市向中等城市再向中小城镇转移的规律。当然，产业转移也可能呈现跳跃式扩散，表现出跨梯度转移的客观现象。无论如何，产业转移都是以产业资本、技术传播和劳动要素的流动和迁移为特征的，既有利于迁出地城镇功能的优化和升级，又有利于迁入地的产业集聚和城镇规模的扩大和延伸。因此，产业集聚和转移机制是城镇空间结构优化的重要动力。

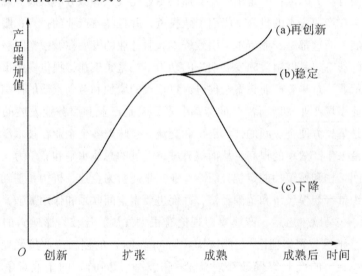

图 4-2　弗农的产品生命周期示意图

资料来源：陈秀山，张可云. 区域经济学原理［M］. 北京：商务印书馆，2003：328.

### 4.3.3　要素空间集聚与扩散机制

要素空间集聚与扩散机制的前提条件是要素的自由流动，与产业集聚与转移机制不同的是，要素集聚与扩散机制主要侧重于城乡之间要素的流动，通过要素的空间集聚机制为城镇中心地区的经济增长提供动力，并通过要素的等级扩散和跳跃式扩散，发挥城镇中心地区对周边小城镇以及乡村地区的辐射与带动作用，通过空间集聚与扩散机制的作用，改善城乡二元结构，统筹城乡发展，缩小城乡差距。20世纪50年代，佩鲁（F. Perrour）论证了经济增长源自"推动单元"，按照非均衡路径推动了整个经济增长[1]。缪尔达尔（G. Myrdal）[2] 和赫尔希曼（A. O. Hirschman）研究空间单元内的经济增长与发展过程关系问题，偶然的增长刺激会给未来经济的发展带来机遇，而偶然的增长障碍会给未来经济增长带来阻力。这便是增长极理论的研究先驱，而布代维尔（J. R. Boudeville）和拉塞（J. R. Lasuèn）[3] 将部门的增长效应和经济的增长效应推广到区域和空间结构，首次将区域和空间关系纳入研究领域，发现增长极的极化功能直接同大中城市的集聚体系联系在一起。后期的增长极理论也吸收了熊彼特（J. Schumpeter）的观点，把创新作为要素集聚的重要因素。弗里德曼（P. Friedmann）将创新的领域从技术创新拓展为组织形式的创新和社会革新，创新起源于区域内少数的"变革中心"，周边的城镇依靠"变革中心"的要素扩散机制得到发展[4]。增长极理论体系的形成与城市的集聚优势、其他功能密切相关，城市必须处于经济增长的中心，并通过城乡要素扩散机制促进城镇空间规模的扩大，带动周边城镇的发展。因此，城市与周边区域的物质能量交换是通过集聚和扩散两种机制相互作用的。集聚是经济活动涉及的资源要素在空间上的集中以及经济活动向一定地理范围靠近的拉力，是导致城镇形成、发展的基本因素。聚集力量是城镇形成、发展的原始动力，在此基础上，城镇人口规模和空间规模逐步扩大，并演变成特定的城镇空间结构。而扩散则是在城镇要素集聚的规模优势和规模经济效应不足以弥补城镇通勤成本和交易成本时产生的现象，一般经济扩散的影响因素是多方面的，既有"推力"又有"拉力"作用，归根结底是两个或者多个空间单元的社会经济运行存在差异。扩散包括两种方式，一种是等级扩散，即从集聚区域扩散到周边大城市，再由大城市扩散到中小城市，最后由中小城市扩散到小城镇和农村地区；另一种是跳跃式扩散，主要是通过集聚区向周边基础条件较好、存在一定资源禀赋

① VERNON R. International investment and international trade in the product cycle [J]. Quarterly Journal of Economics, 1966, 80: 190-207.

② PERROUR F. The dorminant effect and modern economic theory [J]. Social Research, 1950, 17 (2): 188-206.

③ LASUEN J R. Urbanization and development—the temporal interaction between geographical and sectoral clusters [J]. Urban Studies, 1973, 10: 163-188.

④ FRIEDMANN P. A general theory of polarized development in growth centers in regional economic development [M]. New York: Free Press, 1972: 82-107.

优势、发展所需的基础设施环境和政策环境较为优越的城镇扩散，而这种地区在空间地理位置上本身是不相邻的。扩散现象一方面会使迁出地的城镇空间结构发生相应的变动，另一方面会使迁入地承接迁出地的资源要素转移，逐步产生一种集聚效应，从而诞生新的城镇并逐步壮大。因此，集聚和扩散是两种相互联系并相互统一的作用机制，通过要素的空间集聚与扩散，最终达到城镇空间结构的变迁。要素的空间扩散示意图如图4-3所示。

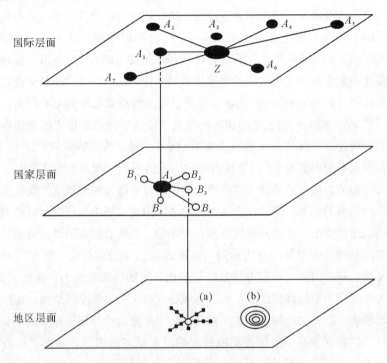

**图4-3 要素的空间扩散示意图**

资料来源：陈秀山，张可云. 区域经济理论［M］. 北京：商务印书馆，2003：317.

# 4.4 城镇空间结构优化中的社会协调机制

### 4.4.1 公众参与机制

随着新型城镇化的不断深入和城镇空间结构的不断调整，城镇规划和设计与公众的切身利益联系更加紧密，城镇规划建设不仅要注重人与人之间的协调，还要注重人与自然、人与环境、人与社会的协调。公众参与城镇规划建设可以减少决策失误带来的损失，减少矛盾和利益冲突，防止城镇空间规划和城镇空间结构优化调整的腐败和寻租行为产生，从而有利于提升城镇规划的科学性和可操作性，有利于充分发挥城镇各个空间功能区的作用和职能，从而优化城镇空间结构。公众参与城镇规划建设是经济发展到一定程度的产物，需要有一定的物质基础、制度基础和参与意识，因此公众参与机制由实体系统、制度系统和公众意识组成，并通过其相互作用而产生影响①，如图 4-4 所示。交通、信息和通信、居民的收入水平等是公众参与城镇规划建设的经济基础，即为实体系统；法律、制度、规章和条例等是公众参与城镇规划建设的制度保障和法律依据，被称为制度系统；公众意识是公众参与城镇规划建设积极性、主动性、参与广度与深度的综合表现。实体系统发挥着基础性作用，决定了公众参与规划建设的制度系统，进而决定意识系统，最终决定公众参与城镇规划建设的效率和结果；法律系统是公众参与城镇规划建设的制度保障，其健全与完善决定了意识系统参与的广度与深度，并对实体系统具有反作用；意识系统包括公众参与城镇规划建设的积极性和主动性等综合因素，由实体系统和法律系统共同决定，并反作用于实体系统和法律系统。因此，在构造公众参与机制时，应从实体系统、法律系统和公众意识三个方面，构建有利于提升城镇空间结构优化调整的公众参与机制。

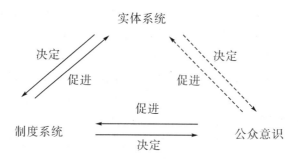

图 4-4  公众参与机制示意图

① 郭红莲，王玉华.城市规划公众参与系统结构及运行机制 [J].城市问题，2007（10）：71-75.

### 4.4.2 社会组织机制

城镇空间是一个多尺度劳动空间分工叠加的经济空间①，这种区域的空间组织特征导致区域之间的要素配置错位，空间摩擦不断加剧，深层次原因是由于政府作用机制、市场配置资源机制和社会公众协调机制存在缺陷，尤其是长期以来忽略社会组织机制，导致城镇空间产品市场、要素市场和服务市场分割严重，企业组织结构和产业结构低级化使得城镇空间布局摩擦加剧、协调不足和非一体化特征明显。城镇发展与产业发展密切联系，城镇空间结构形成和演变的核心动力是产业载体，产业是由微观企业组成的相互联系、相互作用的有机生态系统。而居民的城镇空间选择行为是距离企业的远近与通勤成本的大小之间的权衡，在一定程度上来说，家庭选址布局很大程度上受到企业布局的影响。城镇空间结构形成和演变的核心问题是研究产业演进和企业行为，从演化经济学的角度来讲，生产组织历经了家庭组织——契约组织——企业组织的不断演化，而除了政府和市场配置资源机制外，社会组织机制在生产组织演化进程中起到了重要作用。因此，社会组织机制也就间接地、客观地成为城镇空间结构演化的重要机制，按演化经济学的逻辑来讲，社会组织机制的演化轨迹为缘协调—契约协调—管理协调②，对应不同的生产组织形式和城镇空间结构模式。缘协调主要是以家庭组织为核心，逐渐产生了亲缘共同体、地缘（邻缘）共同体、业缘共同体、物缘共同体和德缘共同体，家庭组织是企业组织产生的起源和雏形，正如费孝通指出的，中国家庭就是一个生产组织，家庭组织与企业组织具有相似功能③。在城镇起源和空间结构存在的形态是以家庭为基本单位的，因此缘协调是一种隐性的协调机制，是社会组织机制的最初形式，城镇空间原始形态主要以家庭为单元。随着社会化大生产和分工的出现，人们的交往形成了同行业的特殊利益，必然出现脱离原关系的组织，即契约组织。而契约组织由于机会主义和不稳定性的存在，便出现了正式的、显性的企业组织。因此，城镇空间结构优化的社会组织机制，与城镇空间上从事生产经营活动的主体密切相关，传统的社会组织机制注重的是政府和市场的作用，但客观来讲，"政府失败"和"市场失灵"是同时存在的两种社会经济现象，政府和市场之间必须出现"独立第三方"主体来弥补政府和市场协调的不足和"盲

---

① 张毓峰，胡雯，阎星. 转轨时期中国城市区域的一体化发展——基于劳动空间分工及其协调机制的研究 [J]. 经济社会体制比较，2007（5）：144-147.

② 朱富强. 协调机制演进和企业组织的起源 [J]. 学术月刊，2004（11）：46-54.

③ 费孝通. 乡土中国、生育制度（生育制度篇）[M]. 北京：北京大学出版社，1998.

区"。城镇空间发展是从低级到高级、从简单到复杂、从单一到多元的客观历史过程，其中主要的社会组织机制各不相同，缘协调是以村落、村庄和小城镇为主体的城镇空间组织机制，契约协调适用于手工工场和以中小城镇为主体的城镇空间组织机制，而管理协调是全球化视野下大型企业和以大中城市为主体的城镇空间组织机制。缘协调、契约协调和企业协调的是不同城镇空间发展阶段的不同社会组织机制，对城镇空间演化升级起到了不同作用，除了政府作用机制和市场配置资源机制外，还应该重视社会组织机制作用。

## 4.5 本章小结

机制设计理论是重要的经济学分支，与传统经济学理论相比，机制设计理论不仅提出了"市场失灵"和"政府失败"两种客观现象导致的困境，还提出了走出困境的具体路径，即如何设计机制或者规则，使得经济主体利益与社会利益相一致。机制设计理论逐渐被众多经济学分支所应用，也影响了城市经济学、区域经济学等学科的发展，机制设计理论的思想精髓和逻辑体系理所应当地成为城镇空间结构优化研究的指导理论。因此，从政府作用机制、市场配置资源机制和社会协调机制三个方面入手，研究城镇空间结构优化的运行机制，有利于破除城镇空间结构优化的阻力和障碍，推动城镇空间结构优化调整。

# 5 四川省城镇空间结构的历史演变和现实格局

　　四川省城镇空间结构的历史演变需要结合中国城镇空间结构演变的宏观背景和历史背景，才能客观地体现四川省的特殊性并横向比较四川省与其他省、市、自治区城镇空间演变的差距。在此基础上对四川省城镇空间结构演变的三个阶段进行分析，目的在于借助历史发展的动态视角把握四川省城镇空间结构演变的整体脉络，进而在此基础上提炼出四川省城镇空间结构优化的现实格局和特征，以便通过定量研究方法判断四川省城镇空间结构现实格局的类型，并对优化调整的原则、重点和内容进行进一步分析。本章将四川省行政区范围内的 21 个市、州作为空间研究的单元。四川省位于东经 97°21′—东经 108°33′和北纬 26°03′—北纬 34°19′，地处中国西南地区，位于长江中上游，东西长 1 075 千米，南北宽 921 千米，与 7 个省区接壤，东邻重庆，西接西藏，北连陕西、甘肃、青海，南接云南和贵州，面积为 48.5 万平方千米。通过对四川省 21 市、州地理分布示意图的分析，更能直观地对四川省城镇空间结构进行横向与纵向的比较，并在此基础上对四川省城镇空间形态、空间密度、城镇空间地域和规模结构进行分析，最后总结出四川省城镇空间结构现实格局的特征。

## 5.1　中国城镇空间结构演变的概况

　　城镇空间结构形态和布局是整体性、系统性和复杂性的进程，中国城镇空间结构演变主要受到了政治、经济、军事、文化和社会制度的多重影响。中国长期处于以自然经济为主导的封建时期，城镇发展非常缓慢，并表现为封建思想和等级观念对城镇空间结构的绝对支配。由于社会生产力落后和自然经济占据主导地位的经济特征，城镇主要作为政治统治的中心，城镇主要表现出政治、军事功能。在封建等级观念的影响下，城镇布局主要突出王权的中心地位，城镇空间形态和结构遵循严格的封建等级秩序，城镇主要形成了封建等级性的物质空间和社会空间分异①，中心布局体现象征权力地位的宫室、衙署等封建行政和宗教机构，府邸、工商业、集市依次分布于外围空间。居住区形成了严格的阶层分异和社会分异，按照身份和地位集聚在城市的特定空间，呈现出由城镇中心向外围分层的布局特征。如秦汉以后，都城大都比较紧凑，体现了中央集权对城镇的影响；在封建中央集权达到鼎盛时期的宋、明、清时期，宫城仅由皇族居住，贵族官员则只能住在皇城以外，中轴线体现了"左祖右社，面朝后市"的特点。城镇空间密度很低，城镇间联系主要体现了政治、军事联系。

鸦片战争以后，中国成为半殖民地半封建社会，殖民主义和近代资本主义工商业萌芽，传统城镇的政治、军事功能逐步减弱，经济规律促使城镇空间结构变迁，伴随着生产力的发展和进步，商业中心逐渐取代了传统的政治中心，城镇功能分区开始出现，并形成了商业区、工业区、住宅区等新型城镇空间形态，基于封建等级形成的社会阶层空间分异开始消失，在经济规律支配下实现了城镇空间结构的选址和布局。由于历史的特殊性，城镇空间结构深受封建主义、资本主义和殖民主义的影响，表现出了明显的多元化特征，城镇建筑开始呈现出特有的"西方元素"。如在当时一些通商口岸，城镇空间结构包括带有封建色彩的老城区、带有西方特征的租界区、资本主义工商业形成的工业区和居住区以及作为特殊功能用途进行规划建设的新城区。如在广州、上海和天津等地区至今保留着浓厚的"殖民文化"和"租界文化"特征。而社会阶层的空间居住和空间布局呈现出明显的"中心—外围"特征，在经济规律的支配下，呈现出城镇中心向外围地区地租递减的规律。

随着经济发展和社会制度变迁，城镇间的交往较为密切，经济联系逐步加强。同时，社会阶层出现演化并出现居住空间分离的情况，种族不同、收入和文化各异的居民集聚在区域的特定空间内，城镇逐步密集地分布在区域空间内，使得网络化结构开始出现。受到知识和人力资本的重要影响，城镇的面貌和城镇空间结构特征发生了巨大变化，城镇发展受到规划建设的影响和指导，城镇空间结构呈现出逐步优化的态势，呈现出网络化与多中心并存的格局，城镇空间结构开始逐步优化。从计划经济时期到社会经济转型的时期，城镇空间结构演变的动力和表现出的特征各不相同，中国城镇空间呈现出普遍性与特殊

---

① 艾大宾. 我国城镇社会空间结构的演变历程及内在动因 [J]. 城市问题，2013 (1)：69-73.

性并存的格局。

### 5.1.1　中华人民共和国成立后至改革开放前

中华人民共和国成立至今，中国经济社会经历了曲折的发展，从建国初期实行的高度集中统一的计划经济体制变为改革开放以后形成的社会主义市场经济体制，中国经济发展迅速，每个阶段的经济社会制度变迁都深深影响了城镇发展和城镇空间结构演化。在计划经济时期，城镇开始具备一定的生产功能，但由于行政对经济的绝对干预和调控，城镇空间结构布局呈现出浓厚的行政色彩。最明显的是"三线建设"时期，出于国防和政治考量，在中西部内陆地区布局了大量工业，改变了内陆地区的城镇功能与规模结构。这一时期实行的城乡隔离和住房分配制度等政策，使得城镇空间结构的基本构成要素是单位型社区，居民工作生活的范围局限于工作地和居住地之间，城镇间的自由交流和贸易被中止，城镇形态、城镇空间结构较为单一。而在"上山下乡"运动开展的时期，甚至出现过城镇人口大量向农村挺进的非正常的"逆城市化"现象，使得城镇空间结构发展和调整变缓慢。

### 5.1.2　改革开放后至"十二五"规划前

改革开放后至"十二五"规划时期是社会经济转型的重要时期，中国城镇空间结构演变受到城镇化进程的影响，城镇空间结构发生着重要转变，随着农村剩余劳动力的转移，城镇化进程逐渐加快，城镇规模和城镇空间密度逐步增加，随着人口向城镇自由转移，逐步形成了"东密西疏"的格局，城镇开始向中纬度地区集聚，城镇地域空间分布偏向于东南沿海。然而，一些地方以"加快城镇化进程"为理由，导致"土地城镇化"速度快于"人口城镇化"速度，城镇空间规模不断扩张，并向郊区和农村地区扩张，滥占耕地、乱设开发区等现象频发。同时，城镇空间布局不合理，城镇功能定位重叠，城镇之间发展不够协调，不利于形成分工明确、布局科学的城镇空间格局。加之一些城市片面追求经济增长和城市规模扩张，忽视了当地资源环境的承载力，提出超越发展阶段和条件的各项经济、城区建设等指标，使得发展呈现出盲目性。部分特大城市、大城市功能过于集中于城市中心区，使得人口膨胀、资源短缺、交通拥堵和环境恶化等问题逐步暴露，严重影响到城镇运行效率和城镇间物质、能量和信息的交流。从中国的区域结构来看，东部、中部和西部地区城镇空间密度、城镇空间规模和城镇空间形态差异较大，城镇空间布局与资源环境承载力不适应的问题也越来越突出，需要"南水北调""西气东输""西电东送"

等重大工程项目协调资源承载力与城镇空间布局的矛盾。

### 5.1.3 "十二五"规划至今

"十二五"规划提出了坚持走中国特色的城镇化道路，科学地制定城镇化发展规划，促进城镇化健康发展。党的十八大明确提出"新型城镇化"概念，并且提出"城镇化是未来中国经济增长的核心动力"；党的十八届三中全会提出健全国土空间开发、推动形成人与自然和谐发展的现代化新格局，形成以工促农、以城带乡、工农互惠、城乡一体的新型工农城乡关系，完善城镇化健康发展的体制机制。截至2012年年底，地级市密度大于1的省份均分布在浙江、山东、广东；县级市密度大于2的也分布在沿海的江苏、浙江、山东；镇密度大于80的分布在北京、天津、上海和江苏。代表性年份的城镇空间密度变化情况如表5-1所示。

表 5-1　　　　　代表性年份的城镇空间密度变化情况

（单位：个/万平方千米）

|  | 2012 年 | | | 2002 年 | | | 1980 年 |
|---|---|---|---|---|---|---|---|
|  | 地级市 | 县级市 | 镇 | 地级市 | 县级市 | 镇 | 地级市 |
| 全国 | 0.30 | 0.38 | 20.50 | 0.29 | 0.40 | 21.46 | 0.23 |
| 北京市 | -- | -- | 85.71 | -- | -- | 83.93 | 0.00 |
| 天津市 | -- | -- | 108.85 | -- | -- | 106.19 | 0.00 |
| 河北省 | 0.59 | 1.17 | 53.97 | 0.59 | 1.17 | 49.71 | 0.53 |
| 山西省 | 0.66 | 0.66 | 33.77 | 0.60 | 0.72 | 33.77 | 0.42 |
| 内蒙古 | 0.08 | 0.09 | 4.03 | 0.06 | 0.11 | 4.25 | 0.08 |
| 辽宁省 | 0.96 | 1.17 | 41.60 | 0.96 | 1.17 | 42.02 | 0.89 |
| 吉林省 | 0.43 | 1.07 | 22.84 | 0.43 | 1.07 | 24.55 | 0.48 |
| 黑龙江 | 0.26 | 0.40 | 10.51 | 0.26 | 0.42 | 10.44 | 0.26 |
| 上海市 | -- | -- | 171.43 | -- | -- | 209.52 | -- |
| 江苏省 | 1.27 | 2.44 | 83.82 | 1.27 | 2.63 | 116.37 | 1.07 |
| 浙江省 | 1.08 | 2.16 | 64.12 | 1.08 | 2.16 | 80.78 | 0.88 |
| 安徽省 | 1.15 | 0.43 | 65.43 | 1.22 | 0.36 | 73.01 | 0.86 |
| 福建省 | 0.74 | 1.15 | 49.46 | 0.74 | 1.15 | 51.20 | 0.58 |

表5-1(续)

| | 2012 年 | | | 2002 年 | | | 1980 年 |
|---|---|---|---|---|---|---|---|
| | 地级市 | 县级市 | 镇 | 地级市 | 县级市 | 镇 | 地级市 |
| 江西省 | 0.66 | 0.66 | 47.54 | 0.66 | 0.60 | 47.25 | 0.60 |
| 山东省 | 1.11 | 2.02 | 72.69 | 1.11 | 2.02 | 81.47 | 0.59 |
| 河南省 | 1.02 | 1.26 | 60.54 | 1.02 | 1.26 | 52.04 | 1.02 |
| 湖北省 | 0.65 | 1.29 | 39.91 | 0.65 | 1.29 | 39.70 | 0.59 |
| 湖南省 | 0.61 | 0.76 | 52.93 | 0.61 | 0.76 | 51.79 | 0.66 |
| 广东省 | 1.17 | 1.28 | 62.89 | 1.17 | 1.44 | 81.00 | 0.78 |
| 广西壮族自治区 | 0.59 | 0.30 | 29.75 | 0.59 | 0.30 | 31.78 | 0.30 |
| 海南省 | 0.59 | 1.76 | 53.82 | 0.59 | 1.76 | 53.24 | -- |
| 重庆市 | -- | -- | 72.66 | -- | 0.49 | 82.99 | -- |
| 四川省 | 0.37 | 0.29 | 37.72 | 0.37 | 0.29 | 40.24 | 0.27 |
| 贵州省 | 0.34 | 0.40 | 39.43 | 0.23 | 0.51 | 39.60 | 0.28 |
| 云南省 | 0.21 | 0.29 | 15.05 | 0.16 | 0.26 | 15.58 | 0.16 |
| 西藏自治区 | 0.01 | 0.01 | 1.14 | 0.01 | 0.01 | 1.14 | 0.01 |
| 陕西省 | 0.49 | 0.15 | 55.30 | 0.49 | 0.15 | 45.23 | 0.29 |
| 甘肃省 | 0.26 | 0.09 | 10.30 | 0.22 | 0.09 | 10.12 | 0.11 |
| 青海省 | 0.01 | 0.03 | 1.90 | 0.01 | 0.03 | 1.59 | -- |
| 宁夏回族自治区 | 0.75 | 0.30 | 15.21 | 0.60 | 0.30 | 11.75 | -- |
| 新疆维吾尔自治区 | 0.01 | 0.12 | 1.46 | 0.01 | 0.12 | 1.38 | -- |

数据来源:《2013 年中国统计年鉴》《2003 年中国统计年鉴》《1981 年中国统计年鉴》,其中"--"代表统计年份没有成立行政区,或者保留两位小数后数据为0。

党和国家对城镇化的深刻认识将会影响到城镇空间结构的形态和布局,城镇空间结构将会在统筹规划、合理布局、完善功能、以大带小的原则指导下,遵循城市发展规律,以大城市为依托,以中小城市为重点,科学规划城镇功能定位和城镇产业布局,强化中小城镇的产业功能,增强小城镇的公共服务和居住功能,推进大中小城镇的网络化发展。

## 5.2 四川省城镇空间结构布局的历史演变

1954 年，中国进行了最大规模的行政区调整，撤销了原省级行政区中的 7 个省、9 个直辖市和 9 个行政署，其中四川省的建制在这个时期得到恢复。1955 年，西康省撤销，金沙江以东辖地并入四川省。1997 年，重庆设立直辖市，四川省的行政区范围形成了目前的 18 个地级市和 3 个自治州。省区城镇空间系统指的主要是省、市、自治区形成的中观层次，在中观层次的城镇空间范围内，主要形成省会和自治区首府、地级市或地区驻地城市、县城和建制镇组成的三级城镇空间结构。省会和首府大都是该区域的政治、经济、文化中心，随着城镇规模和城镇职能空间变迁，中国出现了政治功能和经济功能相分离的城镇空间结构，如山东的济南和青岛、辽宁的沈阳和大连、福建的福州与厦门。在四川城镇空间结构体系中，省会城市成都依旧是全省的政治、经济、文化和科技中心，可见政府意志和政策对城镇空间结构具有重要影响。本书研究的城镇空间结构优化与城镇化所处的阶段和水平息息相关，因此本章从城镇化的几个不同阶段入手，将四川省城镇空间结构的演变历史分为初级阶段、加速阶段和提升阶段，主要情况如下：

### 5.2.1 四川城镇空间结构缓慢演变阶段（1954—1978 年）

城镇是经济社会运行的空间载体，城镇空间的演化与区域经济政策和当时的社会主流思潮密不可分，区域经济政策与城镇化所处的阶段对城镇空间结构演变具有决定性影响。当时的社会思潮深受苏联生产配置理论和马克思主义经典作品的影响，"在全国平均配置生产力"被认为是当时社会主义经济发展的主要原则和规律，认为"大工业在全国尽可能平衡分布，是消灭城市和乡村分离的条件"①"政治经济发展的不平衡是资本主义的绝对规律"②。1953 年实施的第一个五年计划开始在全国范围内平均布局生产力，改变了工业区集中在东部沿海的格局。156 项工程在全国范围内选址和布局，西部地区占了 21 个，其中四川共占 6 个，分别是成都热电站、715 厂、719 厂、784 厂、788 厂、重庆热电站，不仅为四川工业化奠定了基础，也初步形成了城镇空间的基本格

---

① 马克思，恩格斯. 马克思恩格斯选集：第三卷 [M]. 北京：人民出版社，2009：336.
② 列宁. 列宁全集：第 26 卷 [M]. 2 版. 北京：人民出版社，1984：367.

局，城镇作为产业的空间载体，实现了城镇空间的生产功能。

1964年提出的"三线建设"动用了全国基本建设50%以上的投资，涉及380个项目和14.5万名职工的搬迁，在项目实施过程中"不建集中的城市"，是城镇空间结构的又一次大调整。四川在"三线建设"期间的项目包括：在铁路建设方面重点修建川黔、成昆、襄渝铁路干线，在钢铁工业方面建设攀枝花钢铁基地，在电力工业建设方面重点建设四川省的映秀湾、龚咀水电站和四川省的夹江火电站，在石油工业方面重点开发四川省的天然气，在机械工业方面重点建设四川德阳重机厂和东风电机厂。虽然项目比"一五"时期多了很多，但大都是出于国防和备战的需要，重点强调"大分散、小集中"的原则，割断了工业生产与城镇空间的联系，城镇与产业被人为地隔离。"三线建设"对后来四川城镇空间结构的调整和布局产生了积极影响，城镇与城镇空间联系的铁路交通网络初步形成了城镇空间"点—轴"的发展格局，为后来城镇空间结构变迁产生了深远影响。"文化大革命"时期，四川陷入经济社会发展的停滞甚至倒退时期，"上山下乡"运动甚至出现了非正常的"逆城市化"浪潮，对四川城镇空间结构变迁产生了不利影响。

### 5.2.2 四川城镇空间结构稳步演进阶段（1979年至"十二五"规划前）

改革开放以后，邓小平提出的"让一部分人先富起来"的思想影响了区域经济政策的制定，经济发展和城镇空间演进基本遵循了市场规律，东中西城镇发展和经济发展呈现出非均衡增长态势，区域经济差距不仅表现为经济差距，还表现为产业差距、城镇发展差距和技术差距。区域政策倾向于利用沿海地区优势条件，提出了"发挥优势、扬长避短、保护竞争、促进联合"的方针，过去的平衡发展政策逐步被"效率优先、兼顾公平"所取代，基础设施建设投资、城镇建设资金和其他优惠政策都主要向沿海倾斜，使得沿海与中西部差距逐步拉大，中西部城镇规模和城镇空间密度缓慢扩大和提高。随着改革开放的深入，地区收入差距逐步扩大，促进地区经济协调发展被提到战略高度，非均衡协调发展是1992年至今贯穿于宏观经济政策的一条主线。"八五"规划时期提出"促进地区合理分工和协调发展""生产力的合理布局和地区经济协调发展"等思想。邓小平南巡时期，提到"社会主义应该避免而且能够避免两极分化"。"九五"规划时期，江泽民提出"应该把缩小地区差距作为一条长期坚持的重要方针"。"十五"规划期间，明确提出实施西部大开发战略，四川迎来了重大的发展机遇，四川城镇空间规模逐步扩大，城镇开始变得更加密集，城镇空间形态由单一的、简单的模式开始向多元化和更加复杂的方向演化，城镇空间在一定的分工和资源要素禀赋的条件下，形成了各种结构。这一时期，全国城镇空间密度为平均 0.156 个/万平方千米，四川城镇空间密度为 0.245 座/平方千米，出现了城镇空间密度较大的成都平原城市群，面积约 3 平方千米的土地上集中万人以上的城镇有 44 座，城镇空间密度为 1.47 个/万平方千米，是四川省城镇空间密度的 6 倍，是全国城镇平均密度的 9.5 倍。

### 5.2.3 四川城镇空间结构变迁快速推进阶段（"十二五"规划至今）

"十二五"规划以统筹规划和适度超前为原则，通过综合运输大通道、交通枢纽和内部交通网络的建设，实现产业布局与城镇空间的协调发展，坚持走新型城镇化发展道路，完善城镇空间功能，优化空间布局，增强城镇集聚产业、承载人口、辐射带动区域发展的能力。以大城市和区域性中心城市为依托、大中城市为骨干、小城镇为基础，加快培育四大城镇群，促进大中小城市和小城镇协调发展。"十二五"规划以来，四川已经形成了省级以上的开发区共 43 个，其中，国家级经济技术开发区 5 个、国家级高新区 4 个、国家级出口加工区 2 个、省开发区 64 个，省级开发区多数分布在成都平原城市群、川南和川东北城市群。截至 2012 年年底，四川省平均每万平方千米分布近 40 个城镇，形成了特大城市 1 个、大城市 8 个、中等城市 16 个、小城市 28 个、小县城和建制镇 1 793 个。随着对城镇空间结构优化的逐步深入，在城镇发展建设过程中，将更加重视编制科学的城镇规划，合理确定城镇发展规模，优化城镇功能分区，有序推进城镇空间拓展。

# 5.3 四川省城镇空间结构布局的影响因素和现实格局

## 5.3.1 四川省城镇空间结构变迁的影响因素分析

### 5.3.1.1 自然因素

一是气候环境条件。气候与环境对城镇发展的影响具有稳定性、持续性和周期性，传统的城镇发展受到气候环境的影响和限制，城镇发展表现为被动地适应气候环境。而城镇活动和人类社会发展产生的碳排放成为国际社会普遍关注的焦点问题，城镇规划和城镇空间结构优化决策已经主动地考虑了这个因素，并开始提出低碳城市、生态城市和环境友好城市等概念。四川省区域气候差异显著，年平均气温最高的区域的温度高达 20℃，年平均气温最低的区域温度在 0℃ 以下，温差达到了 20℃ 以上。全省日照时间地区差异较大，大部分盆地地区年日照时数少于 1 400 小时,海拔较高的三州地区,年日照时数达 2 200 小时以上。而降水量差异也较大,盆地地区普遍在 800 毫米以上,最多的是 1 700 毫米以上,而三州地区基本在 800 毫米以下,最低的不足 400 毫米。城镇的起源和发展需要适当的温度、光照和降水等,而四川盆地地区温度适中、降雨量充沛、光照适中,是全省人口和城镇最密集的地区,其面积占全省面积的 38%,集聚了全省所有的大中城市和 96% 的城镇,是四川经济和社会发展的重心。

二是地形地貌条件。地形地貌是城镇发展的重要影响因素,城镇大都起源于平原地区,河流的冲积平原地区是城镇发展的理想选址,人类文明就诞生于尼罗河流域、两河流域、恒河流域和黄河流域。平原地形不仅土壤肥沃、气候宜人,还有利于城镇建设和基础设施建设。随着人口增加和耕地减少,人们逐渐从低海拔的地区迁移到高海拔的地区,在海拔高、辐射强、自然环境恶劣的地区,人类也能长期居住,比如青藏高原地区。可见,地形条件对人口增长和城镇发展有着重要影响。四川地形复杂,整体呈现西高东低地势,地跨青藏高原、云贵高原、横断山脉、秦巴山地,以龙门山和大凉山一线为界,东部为四川盆地和盆周山区,西部为川西高原,省内高原、山地和丘陵地区占全省面积的 97.46%。不同地形上分布的人口规模和城镇空间密度各不相同,呈现出平原到高原山地逐步减少的趋势、从低海拔到高海拔递减的趋势。成都平原城市群的地形以平原为主,海拔 450 至 700 米,是四川经济社会发展的核心地带,其城镇发展已经具备一定规模,每 1 万平方千米分布 3 个城市、126 个镇。川南、川东北城市群主要以丘陵为主,海拔 500~2 000 米,是四川经济社会发展的重要腹地,同时是成渝经济区最重要的组成部分,每 1 万平方千米分布 1 个城市和 92 个镇,比成都平原城市群明显减少。而以高原和山地为主的攀西城市群海拔为 1 500~2 500 米,每 1 万平方千米仅分布 1 个县城和 5 个镇,其城镇发展水平相对较低,如表 5-2 所示。

表 5-2　　　　　　　　按不同地形分的城镇空间密度　　　　单位:个

| 地形 | 代表地区 | 城市 | 县、自治县 | 镇 |
| --- | --- | --- | --- | --- |
| 以平原为主 | 成都平原城市群 | 3 | 6 | 126 |
| 以丘陵为主 | 川南、川东北城市群 | 1 | 4 | 92 |
| 以高原、山地为主 | 攀西城市群 | 0 | 1 | 5 |

资料来源:根据《2013 年四川省统计年鉴》整理得到。

5.3.1.2  社会经济因素

一是经济发展水平。城镇是经济发展的空间载体,经济发展水平是城镇规模扩大和密度增加的最原始动力。第一,经济发展吸收了农村转移的剩余劳动力,提供了城乡居民工作岗位,促进了城市人口规模的增加,产生了大量的住房需求,从而促进了城市房地产行业的发展,城市面积不断扩大,并开始形成围绕城市周边的卫星城和卫星镇等。第二,经济发展将会吸收资金、技术,从而在不同区域形成了城市的工业园区、总部基地、经济技术开发区和保税区等,客观上增加了城镇的用地规模、人口规模和城镇空间密度。第三,经济发展存在客观差距,经济差距客观上会造成城市或城镇间"经济势能"的不同,从而产生大中城市对周边腹地的极化效应,将会导致小城市和小城镇资源迅速向大中城市集聚,大中城市规模开始扩大,整个城镇体系或者城镇空间结构存在变动。

四川各地区经济发展与城镇规模、密度关系的情况如表5-3所示。经济总量与建成区面积或者城镇空间密度的排名从理论上来讲应基本一致。成都、绵阳在全省经济总量分别名列第一、第二,其建成区面积在全省排名第一、第二。广元、雅安、巴中的经济总量排名靠后,其城镇规模和密度也很靠后。其他地区的经济总量与建成区面积或城镇空间密度虽然不是一一对应的,但基本还是满足这样一个规律。

表5-3    2012年各地区经济发展与城镇规模、密度关系

|  | 经济总量<br>(万元) | 经济增速<br>(万元) | 建成区<br>(个/<br>平方千米) | 城市密度<br>(个/<br>平方千米) | 县城密度<br>(个/<br>平方千米) | 镇密度<br>(个/<br>平方千米) |
|---|---|---|---|---|---|---|
| 成都市 | 8 138.94 | 13 | 515.53 | 4.13 | 4.95 | 159.25 |
| 自贡市 | 884.8 | 13.9 | 100.18 | 2.28 | 4.57 | 171.19 |
| 攀枝花市 | 740.03 | 14 | 66.39 | 1.35 | 2.70 | 28.37 |
| 泸州市 | 1 030.5 | 14.8 | 101.05 | 0.82 | 3.27 | 69.47 |
| 德阳市 | 1 280.2 | 13 | 64.29 | 6.77 | 3.38 | 167.51 |
| 绵阳市 | 1 346.42 | 13.3 | 107.5 | 0.99 | 2.96 | 71.12 |
| 广元市 | 468.66 | 13.8 | 45 | 0.61 | 2.45 | 55.79 |
| 遂宁市 | 682.24 | 13.9 | 69.08 | 1.88 | 5.64 | 127.75 |
| 内江市 | 978.18 | 13.6 | 45.2 | 1.86 | 5.57 | 161.56 |
| 乐山市 | 1 037.75 | 14.4 | 64.1 | 1.57 | 4.72 | 75.45 |

表5-3(续)

| | 经济总量<br>（万元） | 经济增速<br>（万元） | 建成区<br>（个/<br>平方千米） | 城市密度<br>（个/<br>平方千米） | 县城密度<br>（个/<br>平方千米） | 镇密度<br>（个/<br>平方千米） |
|---|---|---|---|---|---|---|
| 南充市 | 1 180.36 | 14.2 | 101 | 1.60 | 4.01 | 133.85 |
| 眉山市 | 775.22 | 14.5 | 45 | 1.40 | 7.00 | 99.44 |
| 宜宾市 | 1 242.76 | 14.1 | 79.85 | 0.75 | 6.03 | 81.41 |
| 广安市 | 752.2 | 14 | 34 | 3.15 | 4.73 | 135.63 |
| 达州市 | 1 135.46 | 13.6 | 50.95 | 1.21 | 3.02 | 62.12 |
| 雅安市 | 398.05 | 14 | 27.9 | 0.66 | 3.99 | 29.91 |
| 巴中市 | 390.4 | 13.9 | 18 | 0.81 | 2.44 | 52.88 |
| 资阳市 | 984.72 | 14.3 | 41.04 | 2.51 | 2.51 | 105.53 |
| 阿坝州 | 203.74 | 13.7 | -- | 0.00 | 1.57 | 3.98 |
| 甘孜州 | 175.02 | 12.6 | -- | 0.00 | 1.20 | 1.94 |
| 凉山州 | 1 122.67 | 13.8 | 36.39 | 0.00 | 2.65 | 13.43 |

资料来源：据《2013年四川省统计年鉴》整理后得到。

二是工业化水平。工业化通常被定义为工业或第二产业占GDP的比重，是传统农业社会向现代工业社会过渡的必经之路，是现代化的核心内容，是反映地区经济实力的重要指标。工业化的特征主要表现为农村劳动力大量转向工业领域并定居在城镇，高度发达的工业化水平是现代社会发展程度的重要标志。与此同时，工业发展不是孤立的，总是以贸易的发展、市场范围的扩大和城镇联系的加强为依托的。

而在从事具体的生产经营决策时，企业布局往往是劳动力导向型、市场导向型、资金导向型、技术导向型等，使得工业企业仅能在大中城市周边工业园区、小城市或者资源禀赋优势较好的城镇地区布局，这都决定了工业化水平与城镇规模和城镇空间发展结构有着密切的联系。一方面，主导产业的布局必然带动关联产业、部分上下游企业和服务于工业生产生活的商贸服务业的集聚，其本身是城镇的重要功能区，推动着城镇规模的扩大和城镇空间结构的变迁。另一方面，工业化作为地区经济增长的重要引擎，其辐射和影响范围很大，对周边工业和城镇发展有着正面或负面的影响，必然导致城镇体系和城镇间经济联系发生变化，最终影响区域城镇规模和密度。从理论上来讲，工业化水平越高的区域，其城镇空间规模和密度也应该相对较高。但客观发展的现实并不是完全如此，尤其是在涉及排名时，很难找到工业化率排名与城镇空间规模、密度排名完全一致的，如表5-4所示。

表5-4　　　　2012年工业化率与城镇空间规模、密度的关系

| | 工业化率（％） | 工业就业（万人） | 建成区（平方千米） | 城市密度（个/万平方千米） | 县城密度（个/万平方千米） | 镇密度（个/万平方千米） |
|---|---|---|---|---|---|---|
| 成都市 | 38.43 | 289.01 | 515.53 | 4.13 | 4.95 | 159.25 |
| 自贡市 | 55.20 | 58.84 | 100.18 | 2.28 | 4.57 | 171.19 |
| 攀枝花市 | 72.03 | 22.57 | 66.39 | 1.35 | 2.70 | 28.37 |
| 泸州市 | 57.08 | 68.67 | 101.05 | 0.82 | 3.27 | 69.47 |
| 德阳市 | 56.12 | 59.36 | 64.29 | 6.77 | 3.38 | 167.51 |
| 绵阳市 | 45.11 | 84.15 | 107.5 | 0.99 | 2.96 | 71.12 |
| 广元市 | 40.52 | 35.41 | 45 | 0.61 | 2.45 | 55.79 |
| 遂宁市 | 44.74 | 49.24 | 69.08 | 1.88 | 5.64 | 127.75 |
| 内江市 | 58.34 | 51.27 | 45.2 | 1.86 | 5.57 | 161.56 |
| 乐山市 | 57.97 | 45.09 | 64.1 | 1.57 | 4.72 | 75.45 |
| 南充市 | 42.19 | 70.67 | 101 | 1.60 | 4.01 | 133.85 |
| 眉山市 | 50.38 | 43.62 | 45 | 1.40 | 7.00 | 99.44 |
| 宜宾市 | 57.31 | 81.18 | 79.85 | 0.75 | 6.03 | 81.41 |
| 广安市 | 41.32 | 41.80 | 34 | 3.15 | 4.73 | 135.63 |
| 达州市 | 47.93 | 61.80 | 50.95 | 1.21 | 3.02 | 62.12 |
| 雅安市 | 50.94 | 22.24 | 27.9 | 0.66 | 3.99 | 29.91 |
| 巴中市 | 26.15 | 32.77 | 18 | 0.81 | 2.44 | 52.88 |
| 资阳市 | 50.39 | 46.06 | 41.04 | 2.51 | 2.51 | 105.53 |
| 阿坝州 | 39.84 | 4.76 | -- | 0.00 | 1.57 | 3.98 |
| 甘孜州 | 26.91 | 2.88 | -- | 0.00 | 1.20 | 1.94 |
| 凉山州 | 40.38 | 34.34 | 36.39 | 0.00 | 2.65 | 13.43 |

资料来源：据《2013年四川省统计年鉴》整理得到。

　　三是城镇化水平。城镇化是社会经济发展的动态进程，指的是农村人口向城镇转移，第二、三产业不断向城镇集聚，从而使城镇规模扩大，城镇空间密度不断增加，这一进程随着区域的社会生产力发展、科技进步和产业结构调整的发展而发展，随着区域工业化、信息化、农业现代化等逐步发展。城镇化的

过程也是各个国家在实现工业化、现代化过程中经历社会变迁的一种反映。当前，世界城镇化率已超过 50%，意味着一半以上的人口居住在城市，而中国城镇化率于 2012 年才接近这一平均水平，城镇化在中国表现出加速发展的趋势，是中国未来经济增长和经济发展方式转型的重要动力。城镇化问题是一个涉及社会、经济、人口的综合性问题，一直是党和国家高度关注的社会热点问题，党的十六大提出"走中国特色的城镇化发展道路"，党的十七大又进一步将其补充为"按照统筹城乡、布局合理、节约土地、功能完善、以大带小的原则，促进大中小城市和小城镇协调发展"，党的十八大明确提出"新型城镇化"，并且提出"城镇化是未来中国经济增长的核心动力"。2013 年 6 月，新一轮城镇发展规划正在酝酿和落实中，而城镇空间结构形态、城镇空间密度、城镇体系和城镇空间结构优化等问题都是被高度关注的问题。城镇化率对城镇空间规模和密度的影响，从理论上来讲应该是正向的关系，城镇化率较高的区域其城镇空间规模应该较高，相应的城镇空间密度也应该较高。从时间维度纵向比较这种规律往往表现得更为明显，但从空间横向维度比较，由于个体的差异和特殊性，城镇率排名和城镇空间规模或密度排名往往不是绝对一致的，如表 5-5 所示，成都、广元、资阳、巴中的两项指标的排名均分别为 1 位、14 位、15 位和 18 位。呈现出"异化效应"，即靠前和靠后的两项指标容易表现出绝对一致的情况，而差距不大且居中的市、州，两者空间横向维度的比较并不完全一致。

表 5-5　　　　　　2012 年四川城镇化率与城镇人口密度

| | 城镇化率（%） | 建成区（平方千米） | 城市密度（个/万平方千米） | 县密度（个/万平方千米） | 镇密度（个/万平方千米） |
|---|---|---|---|---|---|
| 成都市 | 68.44 | 515.53 | 4.13 | 4.95 | 159.25 |
| 自贡市 | 44.44 | 100.18 | 2.28 | 4.57 | 171.19 |
| 攀枝花市 | 63.01 | 66.39 | 1.35 | 2.70 | 28.37 |
| 泸州市 | 41.73 | 101.05 | 0.82 | 3.27 | 69.47 |
| 德阳市 | 44.79 | 64.29 | 6.77 | 3.38 | 167.51 |
| 绵阳市 | 43.64 | 107.5 | 0.99 | 2.96 | 71.12 |
| 广元市 | 36.42 | 45 | 0.61 | 2.45 | 55.79 |
| 遂宁市 | 41.71 | 69.08 | 1.88 | 5.64 | 127.75 |

表5-5（续）

|  | 城镇化率（%） | 建成区（平方千米） | 城市密度（个/万平方千米） | 县密度（个/万平方千米） | 镇密度（个/万平方千米） |
|---|---|---|---|---|---|
| 内江市 | 41.84 | 45.2 | 1.86 | 5.57 | 161.56 |
| 乐山市 | 42.97 | 64.1 | 1.57 | 4.72 | 75.45 |
| 南充市 | 39.34 | 101 | 1.60 | 4.01 | 133.85 |
| 眉山市 | 37.57 | 45 | 1.40 | 7.00 | 99.44 |
| 宜宾市 | 41.08 | 79.85 | 0.75 | 6.03 | 81.41 |
| 广安市 | 32.91 | 34 | 3.15 | 4.73 | 135.63 |
| 达州市 | 36.1 | 50.95 | 1.21 | 3.02 | 62.12 |
| 雅安市 | 38.3 | 27.9 | 0.66 | 3.99 | 29.91 |
| 巴中市 | 33.22 | 18 | 0.81 | 2.44 | 52.88 |
| 资阳市 | 36.15 | 41.04 | 2.51 | 2.51 | 105.53 |
| 阿坝州 | 33.37 | -- | 0.00 | 1.57 | 3.98 |
| 甘孜州 | 24.41 | -- | 0.00 | 1.20 | 1.94 |
| 凉山州 | 29.57 | 36.39 | 0.00 | 2.65 | 13.43 |

资料来源：据《2013年四川省统计年鉴》整理得到。

四是人口分布特征。人口是社会构成的微观细胞，是社会经济发展的创造者和受益者，人口分布和构成与城镇空间结构优化、变迁有着双向影响。一方面，人口的数量反映了社会经济运行的潜力，人口红利是推动社会进步的重要力量，人口的分布结构反映了地区的发展水平和差异，人口呈现出从农村到城市、从城镇和小城市到大中城市、从经济落后地区往经济发达地区迁移和集聚的规律，人口的构成和分布对城镇空间结构形态和变迁有着根本而深刻的影响。另一方面，城镇是人类社会生活的主要空间载体，城镇的发展承载了更多的人口，减少了人口的交流、贸易成本，使得"知识溢出"和"技术扩散"更容易在城镇间进行，城镇的规模和大小是社会进步的重要标尺，城镇的空间形态和结构是城镇文明的重要标志，社会发展总是伴随着城镇空间结构优化和空间形态升级。人口和城镇规模演变是一个动态的过程，随着社会生产力的逐步提高，农村中出现了剩余劳动力，主要有三种流向：一是继续滞留农业，城镇规模和空间结构保持不变；二是专业型迁移，有的呈现"候鸟式"流动①，向既有城市寻求工作机会，导致所在地或者既有城市空间发生变化，有的永久迁移到城市，导致既有城市空间结构发生变化；三是兼业型转换，农村剩余劳动力有的在原地空间分散，导致所在地区的城镇规模和空间发生变化，有的向异地空间集中，导致新城市出现，城镇体系产生变化。因此，人口的分布、迁移和流动对城镇空间结构有着深远的影响，两者相互促进。从理论上来讲，人口规模大和人口密度较高的区域相应的城镇空间密度也应该较高。四川省人口规模和密度与城镇空间密度的关系也存在时间和空间双层效应，从时间来讲，人口规模和密度与城镇空间密度肯定呈现出正相关关系；从空间维度来讲，这种变化规律大致存在，但不一定完全对等，如自贡、泸州和甘孜州的人口规模与城镇空间密度完全保持一致，而其他地区则出现了一定程度的偏离，如表5-6所示。

表5-6　　　　　2012年四川人口规模、密度与城镇空间密度

| | 常住人口<br>（万人） | 人口密度<br>（个/<br>万平方千米） | 城市密度<br>（个/<br>万平方千米） | 县密度<br>（个/<br>万平方千米） | 镇密度<br>（个/<br>万平方千米） |
|---|---|---|---|---|---|
| 成都市 | 1 417.78 | 1 181 | 4.13 | 4.95 | 159.25 |
| 自贡市 | 271.32 | 678 | 2.28 | 4.57 | 171.19 |
| 攀枝花市 | 123.09 | 176 | 1.35 | 2.70 | 28.37 |
| 泸州市 | 425 | 354 | 0.82 | 3.27 | 69.47 |
| 德阳市 | 353.13 | 589 | 6.77 | 3.38 | 167.51 |
| 绵阳市 | 464.02 | 232 | 0.99 | 2.96 | 71.12 |
| 广元市 | 253 | 158 | 0.61 | 2.45 | 55.79 |
| 遂宁市 | 326.77 | 654 | 1.88 | 5.64 | 127.75 |
| 内江市 | 371.81 | 744 | 1.86 | 5.57 | 161.56 |
| 乐山市 | 325.44 | 250 | 1.57 | 4.72 | 75.45 |
| 南充市 | 630.03 | 525 | 1.60 | 4.01 | 133.85 |
| 眉山市 | 296.64 | 424 | 1.40 | 7.00 | 99.44 |
| 宜宾市 | 446 | 343 | 0.75 | 6.03 | 81.41 |

---

① 鲁锐，张玉忠. 我国应尽快解决"候鸟式"移动问题 [J]. 黑龙江社会科学，2004（5）：102-105.

表5-6(续)

| | 常住人口<br>（万人） | 人口密度<br>（个/<br>万平方千米） | 城市密度<br>（个/<br>万平方千米） | 县密度<br>（个/<br>万平方千米） | 镇密度<br>（个/<br>万平方千米） |
|---|---|---|---|---|---|
| 广安市 | 321.64 | 536 | 3.15 | 4.73 | 135.63 |
| 达州市 | 549.27 | 343 | 1.21 | 3.02 | 62.12 |
| 雅安市 | 152.65 | 102 | 0.66 | 3.99 | 29.91 |
| 巴中市 | 330.79 | 276 | 0.81 | 2.44 | 52.88 |
| 资阳市 | 358.85 | 449 | 2.51 | 2.51 | 105.53 |
| 阿坝州 | 90.67 | 11 | 0.00 | 1.57 | 3.98 |
| 甘孜州 | 112.2 | 7 | 0.00 | 1.20 | 1.94 |
| 凉山州 | 456.1 | 76 | 0.00 | 2.65 | 13.43 |

资料来源：据《2013年四川省统计年鉴》整理得到。

五是基础设施条件。基础设施是为社会生产和居民生活提供服务的物质工程设施，是社会公共物品的重要组成部分，不仅包括交通基础设施、能源基础设施、通讯基础设施，还包括医疗、教育、科技、体育等"社会性基础设施"。交通基础设施对城镇空间结构影响最大，与城镇空间结构关系最为密切，主要表现为：第一，交通基础设施本身是城镇空间结构的重要组成部分，交通基础设施是有形的公共物品，其通达程度和发达水平直接影响城镇空间结构的层次和水平。第二，交通基础设施是城镇功能分区的前提，城镇向外扩张和迁移依赖于良好的交通网络设施，城市副中心、卫星城市和工业园区的"多核心模式"发展依赖于良好的交通条件。第三，交通基础设施是城镇经济、贸易联系的基础，城市内部、城镇间的经济贸易联系以交通网络为基础，交通条件是区域经济一体化的重要推力[①]。四川省交通运输行业经过多年的发展，已经得到了迅速发展，截至2011年年底，铁路总里程达4 000千米，公路总里程达28.3万千米，民航总里程达40.7万千米，保证了四川经济社会的全面发展。而不同地区的交通基础设施的发展与城镇规模、密度的关系，可以从时间和空间两个维度来进行判断。从时间维度来讲，交通基础设施与城镇规模、密度呈正相关，但由于空间个体的差异，地区之间两者的排名可能存在一定偏差，如表5-7所示。与此同时，其他基础设施同样保障了城镇的运行和发

---

① 刘生龙，胡鞍钢. 交通基础设施与中国区域经济一体化 [J]. 经济研究，2011 (3)：72-81.

展，只是其起作用的渠道和机制具有间接性，因此在这里没有具体分析，但并不意味着能源、通信等基础设施不重要。

表 5-7　　2012 年四川交通发展与城镇规模和城镇空间密度关系

| | 公路总里程（千米） | 等级公路里程（千米） | 建成区（个） | 城市密度（个/万平方千米） | 县城密度（个/万平方千米） | 镇密度（个/万平方千米） |
|---|---|---|---|---|---|---|
| 成都市 | 22 214 | 20 269 | 515.53 | 4.13 | 4.95 | 159.25 |
| 自贡市 | 6 321 | 4 871 | 100.18 | 2.28 | 4.57 | 171.19 |
| 攀枝花市 | 4 663 | 3 032 | 66.39 | 1.35 | 2.70 | 28.37 |
| 泸州市 | 13 098 | 8 124 | 101.05 | 0.82 | 3.27 | 69.47 |
| 德阳市 | 8 074 | 7 252 | 64.29 | 6.77 | 3.38 | 167.51 |
| 绵阳市 | 19 446 | 12 494 | 107.5 | 0.99 | 2.96 | 71.12 |
| 广元市 | 17 206 | 11 246 | 45 | 0.61 | 2.45 | 55.79 |
| 遂宁市 | 8 713 | 7 560 | 69.08 | 1.88 | 5.64 | 127.75 |
| 内江市 | 10 020 | 6 321 | 45.2 | 1.86 | 5.57 | 161.56 |
| 乐山市 | 9 281 | 8 054 | 64.1 | 1.57 | 4.72 | 75.45 |
| 南充市 | 20 564 | 17 105 | 101 | 1.60 | 4.01 | 133.85 |
| 眉山市 | 7 359 | 5 584 | 45 | 1.40 | 7.00 | 99.44 |
| 宜宾市 | 18 032 | 14 746 | 79.85 | 0.75 | 6.03 | 81.41 |
| 广安市 | 9 777 | 8 388 | 34 | 3.15 | 4.73 | 135.63 |
| 达州市 | 19 311 | 16 475 | 50.95 | 1.21 | 3.02 | 62.12 |
| 雅安市 | 6 127 | 5 510 | 27.9 | 0.66 | 3.99 | 29.91 |
| 巴中市 | 16 070 | 15 309 | 18 | 0.81 | 2.44 | 52.88 |
| 资阳市 | 14 555 | 10 934 | 41.04 | 2.51 | 2.51 | 105.53 |
| 阿坝州 | 12 864 | 12 018 | -- | 0.00 | 1.57 | 3.98 |
| 甘孜州 | 27 141 | 22 566 | -- | 0.00 | 1.20 | 1.94 |
| 凉山州 | 22 665 | 16 439 | 36.39 | 0.00 | 2.65 | 13.43 |

资料来源：据《2013 年四川省统计年鉴》整理得到。

### 5.3.2　四川城镇空间结构分布的纵向分析

2000 年到 2012 年，四川城镇空间总体格局在逐步发生变化，县级及其以上行政单位变化较小，而乡镇数量变动较大，如表 5-8 所示。其中，2001 年至 2002 年，成都市撤销新都县和温江县，并增加新都区和温江区两个市辖区，全省市辖区总量从 40 个增加到 42 个，县总量从 123 个减少到 121 个。2003 年，遂宁市在原市中区的基础上，设立遂宁市船山区和安居区，全省市辖区总量从 42 个增加到 43 个，县总量从 121 减少到 120 个。2011 年，宜宾市撤销南溪县，设立南溪区，成为宜宾市辖区之一，全省市辖区总数从 43 个增加到 44 个，县从 120 个减少到 119 个。县级市是宪法中规定"不设区的市"，四川省 2000 年至今共保留有 14 个县级市，其数量比较稳定，其中大部分为省直管县。2003 年 5 月，四川省政府决定撤销北川县，设立北川羌族自治县，自治县数量从 3 个增加到 4 个。2000 年至 2012 年，建制镇变动较大，从 1 790 个增加到 1 831 个，主要是为了适应社会经济发展和行政机构改革的需要。截至 2012 年年底，四川省内市州共计 21 个，其中市辖区 45 个、县级市 14 个、县 118 个、自治县 4 个、镇 1 831 个。城镇空间分布总体格局如表 5-8 所示。

表 5-8　　　　　　　2000—2012 年四川城镇空间分布总体格局

| 年份 | 市辖区（个） | 县级市（个） | 县（个） | 自治县（个） | 镇（个） |
|---|---|---|---|---|---|
| 2000 年 | 40 | 14 | 123 | 3 | 1 790 |
| 2001 年 | 41 | 14 | 122 | 3 | 1 888 |
| 2002 年 | 42 | 14 | 121 | 3 | 1 937 |
| 2003 年 | 43 | 14 | 120 | 4 | 1 934 |
| 2004 年 | 43 | 14 | 120 | 4 | 1 882 |
| 2005 年 | 43 | 14 | 120 | 4 | 1 865 |
| 2006 年 | 43 | 14 | 120 | 4 | 1 821 |
| 2007 年 | 43 | 14 | 120 | 4 | 1 821 |
| 2008 年 | 43 | 14 | 120 | 4 | 1 821 |
| 2009 年 | 43 | 14 | 120 | 4 | 1 821 |
| 2010 年 | 43 | 14 | 120 | 4 | 1 821 |
| 2011 年 | 44 | 14 | 119 | 4 | 1 816 |
| 2012 年 | 45 | 14 | 118 | 4 | 1 831 |

资料来源：据《2013 年四川省统计年鉴》整理得到。

### 5.3.3 四川省城镇空间结构布局的横向分析

城镇是人们从事各种生产生活活动的集中场所，通过交通、信息等基础设施实现要素向城镇的集聚，城镇是区域内的结节点。结节点连同周围的地区被称为结节区，是城镇体系的重要标志。一般来讲，结节点的数量和规模是衡量城镇大小的重要指标，也是衡量城镇空间分布重心的重要参考。建成区可以用来衡量城镇规模和城镇在区域发展中的作用和地位，它是行政区内经过征用的土地和实际建成的非农生产用地，包括市区集中连片的城市部分和分布在近郊且具有完整功能的城市基础设施用地等，如机场、铁路站、水厂等，在多核心模式的城市中，建成区可以由相对封闭的功能区组成。从数量来看，截至 2012 年，四川省共有 21 个市州，如表 5-9 所示，其中成都市辖区有 9 个，是四川省的政治经济文化中心。从规模来讲，成都市建成区面积为 515.53 平方千米，是第二大城市建成区面积的 4.79 倍，资源要素有向成都过度集中的趋势，因此实施城镇空间结构优化布局，促进大中小城市协调发展，提升城镇空间利用效率是一个亟待解决的问题。2012 年四川省城镇布局的空间分布情况如表 5-9 所示。

表 5-9　　　　　　　　2012 年四川省城镇布局的空间分布情况

| 市（州） | 市辖区（个） | 县级市（个） | 县（个） | 自治县（个） | 镇（个） | 建成区面积（平方千米） |
|---|---|---|---|---|---|---|
| 成都市 | 9 | 4 | 6 | -- | 193 | 515.53 |
| 自贡市 | 4 | -- | 2 | -- | 75 | 100.18 |
| 攀枝花 | 3 | -- | 2 | -- | 21 | 66.39 |
| 泸州市 | 3 | -- | 4 | -- | 85 | 101.05 |
| 德阳市 | 1 | 3 | 2 | -- | 99 | 64.29 |
| 绵阳市 | 2 | 1 | 5 | 1 | 144 | 107.5 |
| 广元市 | 3 | -- | 4 | -- | 91 | 45 |
| 遂宁市 | 2 | -- | 3 | -- | 68 | 69.08 |
| 内江市 | 2 | -- | 3 | -- | 87 | 45.2 |
| 乐山市 | 4 | 1 | 4 | 2 | 96 | 64.1 |

表5-9(续)

| 市（州） | 市辖区（个） | 县级市（个） | 县（个） | 自治县（个） | 镇（个） | 建成区面积（平方千米） |
|---|---|---|---|---|---|---|
| 南充市 | 3 | 1 | 5 | -- | 167 | 101 |
| 眉山市 | 1 | -- | 5 | -- | 70 | 45 |
| 宜宾市 | 2 | -- | 8 | -- | 105 | 79.85 |
| 广安市 | 1 | 1 | 3 | -- | 86 | 34 |
| 达州市 | 1 | 1 | 5 | -- | 104 | 50.95 |
| 雅安市 | 2 | -- | 6 | -- | 42 | 27.9 |
| 巴中市 | 1 | | 3 | -- | 65 | 18 |
| 资阳市 | 1 | 1 | 2 | -- | 84 | 41.04 |
| 阿坝州 | | -- | 13 | -- | 32 | -- |
| 甘孜州 | -- | -- | 18 | -- | 27 | -- |
| 凉山州 | -- | 1 | 15 | 1 | 75 | 36.39 |

数据来源：据《2013年四川省统计年鉴》整理得到。

### 5.3.4 四川省城镇空间形态基本情况

四川城镇空间结构在城镇发展水平、地理空间位置、河流分布及交通网络情况等综合因素的作用下，初步形成了"一核、四群、五带"发展的四川城镇空间形态。这种城镇空间形态以成都为核心，以成都平原城镇群、川南城镇群、川东北城镇群和攀西城镇群为重点空间，以成德绵广城镇发展带、成雅西攀城镇发展带、成资内自城镇发展带、成遂南广达城镇发展带、成眉乐宜泸城镇发展带为发展轴线，形成了四川城镇空间形态的初步格局。成都作为四川省的省会城市，是中西部地区最具竞争力的特大城市之一，正逐步挖掘经济发展的潜能和动力，辐射全省其他地区城镇发展。天府新区是成都拓展城市发展空间的典型代表，是引领全省经济和城镇发展的新动力。区域性中心城市与周边城镇之间联系不断增强，中心城市对周边城镇的辐射和带动也逐步增强，成都平原城镇群、川南城镇群、川东北城镇群和攀西城镇群是全省城镇密集区，也是城镇空间结构优化的重点和难点区域。"五带"依托交通干线与江河流域，是全省产业和城镇布局的重要发展轴，对省内城镇群的要素流动、产业布局和区域协调发展有着重要作用。其中，成德绵广城镇发展带，以成绵高速、绵广高速、广陕高速、成德南高速、绵巴高速、成绵乐客专及大件运输通道为纽带；成雅西攀城镇发展带，以成雅高速、雅西高速、西攀高速、攀田高速和成昆铁路为依托；成资内城镇发展带，以成渝铁路、成渝客专和成渝高速、成自泸高速、成安渝高速为纽带；成遂南广达城镇发展带，以达成铁路和成南高速、南广高速、广邻高速、达渝高速、南大梁高速、营山至达州高速公路为依托。成眉乐宜泸城镇发展带，以长江、岷江水运、成绵乐城际铁路和成乐高速、乐宜高速、宜泸渝高速为纽带。然而，"一核、四群、五带"的城镇空间形态只是一个初级阶段，四川城镇空间结构优化需要以此为主体框架，构建起要素自由流动、产业合理布局和区域协调发展的城镇空间发展格局。

### 5.3.5 四川省城镇空间密度基本情况

城镇空间密度用于衡量单位面积内的城镇数量，可以反映特定区域的经济发展水平和城镇发展水平，城镇空间密度差异是自然因素、政治经济因素、社会人口因素等综合作用的结果，城镇的集聚倾向于交通条件好、地势平坦的地区。随着经济的发展，城市和乡镇的发展呈现逐步增加的趋势，即使是数量没有增加，但其经济实力、城镇规模和空间密度都不断增加，城镇的平均最近距离在不断缩短，城镇的空间联系正逐渐变紧密，城镇人口分布重心在移动。四川省城镇空间密度指标可以反映城镇布局的空间分布状况，可以判断城镇经济联系和城镇规模的等级结构。从横向进行比较，截至 2012 年年底，四川省每万平方千米仅有 0.66 个城市、2.51 个县城、37.67 个建制镇，而与此同时，浙江省每万平方千米有 8 个城市和 177.1 个镇，广东每万平方千米有 5.7 个城市和 128.9 个镇，江苏每万平方千米有 5.3 个城市和 128.9 个镇。可见，四川城镇空间密度相对于浙江还处于低级水平，城市密度仅是浙江的 46%，镇密度仅是浙江的 21%。从纵向比较，2000 年至 2012 年，四川城市密度基本持平，建制镇密度从每万平方千米有 36.9 个提高到 37.67 个，其中自贡、德阳、内江由于其本身行政面积较小，建制镇的密度保持在较高水平。可见，随着经济社会发展和行政机构改革，部分地区达到了设建制镇的条件，通过建制镇的设立，有利于经济发展和行政管理。四川省城镇空间密度分布如表 5-10 所示。

表 5-10　　　　　四川省城镇空间密度分布　　单位：个/万平方千米

| | 市辖区 | 县级市 | 县 | 自治县 | 镇 | 排序 |
|---|---|---|---|---|---|---|
| 四川省 | 0.93 | 0.29 | 2.43 | 0.08 | 37.67 | |
| 成都市 | 7.43 | 3.30 | 4.95 | 0.00 | 159.25 | 4 |

表5-10(续)

| | 市辖区 | 县级市 | 县 | 自治县 | 镇 | 排序 |
|---|---|---|---|---|---|---|
| 自贡市 | 9.13 | 0.00 | 4.57 | 0.00 | 171.19 | 1 |
| 攀枝花 | 4.05 | 0.00 | 2.70 | 0.00 | 28.37 | 18 |
| 泸州市 | 2.45 | 0.00 | 3.27 | 0.00 | 69.47 | 13 |
| 德阳市 | 1.69 | 5.08 | 3.38 | 0.00 | 167.51 | 2 |
| 绵阳市 | 0.99 | 0.49 | 2.47 | 0.49 | 71.12 | 12 |
| 广元市 | 1.84 | 0.00 | 2.45 | 0.00 | 55.79 | 15 |
| 遂宁市 | 3.76 | 0.00 | 5.64 | 0.00 | 127.75 | 7 |
| 内江市 | 3.71 | 0.00 | 5.57 | 0.00 | 161.56 | 3 |
| 乐山市 | 3.14 | 0.79 | 3.14 | 1.57 | 75.45 | 11 |
| 南充市 | 2.40 | 0.80 | 4.01 | 0.00 | 133.85 | 6 |
| 眉山市 | 1.40 | 0.00 | 7.00 | 0.00 | 99.44 | 9 |
| 宜宾市 | 1.51 | 0.00 | 6.03 | 0.00 | 81.41 | 10 |
| 广安市 | 1.58 | 1.58 | 4.73 | 0.00 | 135.63 | 5 |
| 达州市 | 0.60 | 0.60 | 3.02 | 0.00 | 62.12 | 14 |
| 雅安市 | 1.33 | 0.00 | 3.99 | 0.00 | 29.91 | 17 |
| 巴中市 | 0.81 | 0.00 | 2.44 | 0.00 | 52.88 | 16 |
| 资阳市 | 1.26 | 1.26 | 2.51 | 0.00 | 105.53 | 8 |
| 阿坝州 | 0.00 | 0.00 | 1.57 | 0.00 | 3.98 | 20 |
| 甘孜州 | 0.00 | 0.00 | 1.20 | 0.00 | 1.94 | 21 |
| 凉山州 | 0.00 | 0.17 | 2.49 | 0.17 | 13.43 | 19 |

资料来源：据《2013年四川省统计年鉴》整理得到。

### 5.3.6 四川省城镇空间地域和规模结构基本情况

#### 5.3.6.1 城镇空间地域结构

在一定地域空间范围内发展起来的城镇，在不同的要素禀赋、产业基础、区位条件下，会形成一定的城镇性质和功能，城镇功能是城镇存在的本质特征，是城镇系统对外部环境的租用，主要包括政治功能、经济功能、服务功能、管理功能、协调功能、集散功能、创新功能等功能。四川城镇功能与城镇性质息息相关，因此在分析城镇功能的同时也将城镇性质梳理出来。四川省城镇性质与城镇功能概况如表 5-11 所示。

表 5-11　　　　　　　　四川省城镇性质与城镇功能概况

| 地区 | 城镇性质 | 城镇功能 |
|---|---|---|
| 成都市 | 国家区域中心城市、副省级城市、特大城市、四川省省会、历史文化名城 | 四川政治、经济、文化、科技中心、省内最大的交通枢纽、先进制造业基地 |
| 自贡市 | 川南中心城市、历史文化名城 | 中国盐化工基地、机械设备制造基地、新材料研发基地 |
| 攀枝花 | 西部钢铁工业基地、世界钒钛工业中心 | 攀西地区和川滇结合部工业及商贸中心 |
| 泸州市 | 长江上游物流中心、西部化工城、中国酒城 | 长江上游交通枢纽和物流中心、川东南工业基地 |
| 德阳市 | 中国重大装备制造基地、西部工业重镇 | 成都经济圈北部工业中心，成德绵高新技术产业带、重大装备制造、综合化工基地 |
| 绵阳市 | 中国科技城、西部电子信息产业基地 | 成都经济圈北部科技和商贸中心，成德绵高新技术产业带，电子、特殊钢和钛材生产基地 |
| 广元市 | 川陕甘结合部工贸中心、历史文化名城 | 川北交通枢纽和商贸中心、农产品加工基地、生态旅游城市 |
| 遂宁市 | 川中地区中心城市 | 川中交通枢纽、物流中心和轻工业基地 |
| 内江市 | 成渝经济区枢纽城市、川南重要工贸基地 | 川南交通枢纽和工贸中心 |
| 乐山市 | 中国文化旅游胜地、历史文化名城、川西南工商重镇 | 国际旅游目的地，成都经济圈南部经济、文化中心，高新技术产业基地 |
| 南充市 | 川东北区域中心城市、千年绸都、历史文化名城 | 川东北教育、科技、卫生中心，丝绸和汽车配件生产基地，交通信息枢纽和商贸中心 |
| 眉山市 | 东坡故里、成都经济圈新兴工业城市 | 文化旅游城市、原材料工业基地 |
| 宜宾市 | 长江第一城、中国酒都 | 长江上游水陆交通枢纽、川滇结合部工业和商贸中心、西部电力基地 |
| 广安市 | 小平故里、新兴工贸城市、国家园林城市 | 川渝结合部工业和商贸中心 |

表5-11(续)

| 地区 | 城镇性质 | 城镇功能 |
|---|---|---|
| 达州市 | 川东北中心城市 | 川陕鄂渝结合部工业城市、天然气化工基地、交通枢纽和物流中心 |
| 雅安市 | 成都经济圈西部中心城市、生态旅游城市 | 农业高科技基地和水电产业基地 |
| 巴中市 | 川东北工贸城市、红色旅游胜地 | 秦巴山南部工贸中心、农产品加工基地 |
| 资阳市 | 成都经济圈东部中心城市 | 新型工业城市、成渝经济区重要节点 |
| 马尔康市 | 藏族羌族自治州首府 | 阿坝州政治、文化、金融、信息中心 |
| 康定市 | 藏族自治州首府、康巴文化之乡 | 水电基地、高原风光旅游胜地 |
| 西昌市 | 彝族风情城市、中国航天城 | 攀西地区北区工业和商贸中心 |

资料来源：辛文. 四川城市发展与结构功能研究［M］. 成都：西南财经大学出版社，2007：14-19.

### 5.3.6.2　城镇空间规模结构

在一个相互联系、相互作用的城镇群内部，由于区位条件、交通网络、产业基础和政策条件差异，会导致城镇空间规模不同。城镇规模是衡量城镇大小的数量概念，因此城镇规模可以用城镇人口规模和用地规模来衡量。

表 5-12　　　　　　　**四川省城镇空间规模结构**

| 人口（万人） | 类型 | 城镇数量（个） | 城镇 |
|---|---|---|---|
| 100 以上 | 特大城市 | 1 | 成都 |
| 50~100 | 大城市 | 6 | 绵阳市、南充市、自贡市、双流区、攀枝花市、泸州市 |
| 20~50 | 中等城市 | 31 | 宜宾市、遂宁市、德阳市、都江堰市、内江市、眉山市、广元市、仁寿县、巴中市、广安市、达州市、江油市、简阳市、彭州市、富顺县、资阳市、射洪县、达县、邛崃市、南部县、金堂县、阆中市、渠县、郫都区、广汉市、三台县、大竹县、宣汉县、大邑县、雅安市、西昌市 |

表5-12(续)

| 人口<br>(万人) | 类型 | 城镇数量<br>(个) | 城镇 |
|---|---|---|---|
| 10~20 | 小城市 | 34 | 荣县、安岳县、崇州市、隆昌市、平昌县、中江县、峨眉山市、资中县、威远县、仪陇县、岳池县、邻水县、营山县、乐至县、犍为县、绵竹市、西充县、彭山区、武胜县、通江县、合江县、苍溪县、宜宾县、蓬安县、叙永县、旺苍县、华蓥市、新津县、盐亭县、蓬溪县、南江县、泸县、大英县、开江县 |
| 5~10 | 大城镇 | 19 | 万源市、什邡市、井研县、洪雅县、珙县、古蔺县、剑阁县、江安县、夹江县、北川县、会理县、蒲江县、安县、梓潼县、高县、长宁县、筠连县、兴文县、罗江县 |
| 2~5 | 中等城镇 | 30 | 青川县、沐川县、荥经县、石棉县、康定市、屏山县、汶川县、冕宁县、丹棱县、青神县、马边县、汉源县、米易县、芦山县、盐边县、平武县、峨边县、天全县、会东县、茂县、盐源县、越西县、德昌县、马尔康市、昭觉县、雷波县、九寨沟县、泸定县、宁南县、喜德县 |
| 1~2 | 小城镇 | 32 | 松潘县、木里县、甘洛县、普格县、美姑县、宝兴县、布拖县、金阳县、金川县、小金县、理县、若尔盖县、红原县、丹巴县、黑水县、九龙县、新龙县、道孚县、壤塘县、阿坝县、雅江县、甘孜县、理塘县、巴塘县、炉霍县、德格县、白玉县、石渠县、色达县、乡城县、稻城、得荣县 |

资料来源:根据《2013年四川省统计年鉴》整理所得。

四川城镇空间规模人口指标来衡量,如表5-12所示,100万人以上为特大城市,50万~100万人为大城市,20万~50万人为中等城市,10万~20万人为小城市,5万~10万人为大城镇,2万~5万人为中等城镇,1万~2万人为小城镇,按照这一分类标准,目前四川省城镇空间规模结构为特大城市的有1个,大城市有6个,中等城市有31个,小城市有34个,大城镇有19个,中等城镇有30个,小城镇有32个。因此四川城镇空间结构按照不同规模组成的层次结构依次为:1、6、31、19、30、32,与克里斯塔勒提出的规模等级结构存在一定的差异。可以看出,四川省城镇空间规模结构差异较大,大城市对资源要素的集聚能力很强,小城市和城镇发展明显滞后,导致大中小城市物质能量存在巨大的效用损失,城镇总体发展水平和竞争力缺乏。

## 5.4 四川省城镇空间结构现实格局的特征分析

### 5.4.1 四川城镇空间布局规模区域失衡，且城镇空间形态差异大

四川省城镇空间总体格局在逐步变化，从行政单位数量变化来讲，四川城市和县城数量变化不大，但随着经济的发展和非农人口的逐步增加，建制镇的数量有一定幅度的增加，从2000年的1 790个增加到2012年的1 831个。各地区市辖区、县级市、县城和建制镇的个数差异较大，成都市辖区有9个，而德阳、眉山、广安、资阳、达州和巴中等地的市辖区才1个，其城镇发展的空间差异较大。受行政区面积的因素影响，甘孜、阿坝和凉山的县城较多，其城镇发展的格局基本上是以县城为节点，以交通干道为轴线，进行经济、社会活动。从建制镇的个数来讲，成都、绵阳、南充、宜宾和达州五个地区建制镇的个数都在100个以上。另外，受自然因素和社会因素的综合作用，在四川省"一核、四群、五带"的主体形态格局下，成都"核"、四大城镇群与五大城镇发展带之间的形态差异也较大。如成都平原城镇群发展基础较好，是城镇的密集区，而攀西城镇群则相对稀疏。另外，在"财政分权"制度的设计下，城镇建设资金追求成本与效益的统一，而在偏远地区，城镇建设资金使用效率低，基础设施建设滞后，难以集聚产业和人才，并在"循环累积因果效应"的作用下，形成了城镇空间形态的巨大差异。既有类似成都一样的现代化大都市，其基础设施完善，城市职能分工有序，城市空间规模达到了483平方千米，分布着世界500强企业200余家，又有很多偏远城镇仍停留在传统的农业经济时代，交通闭塞，几乎不与外界发生任何经济联系，有的小镇甚至还是无电地区。

### 5.4.2 四川城镇空间布局以平原和丘陵为主，且呈现出东密西疏的特征

四川城镇空间结构发展到现在已经具备了特定的布局和密度结构。一方面，由于四川气候、地形和其他客观因素，四川城镇空间密度总体呈现出东密西疏的格局，城镇主要集中在盆地和平原地区，以平原和丘陵地形为主的盆地底部和周边地区的城镇空间密度分别达到了129个每万平方千米和93个每万平方千米，而以高原和山地地形为主的地区的城镇空间密度仅5个/每万平方千米，城镇空间密度差异巨大。如成都的城市密度为4.13个，县城密度为4.95个，建制镇密度为159.25个，而甘孜州、阿坝州和凉山州地区的城镇空

间密度为 0 个，县城密度为 1 个，建制镇密度保持在 2~13 个。另一方面，城镇交通网络完善，市场体系发达，城镇建设和城镇规划成本低且效益高，容易在这种趋势和结构的作用下形成"循环累积因果效应"，从而促进城镇空间密度发生变化。四川省东部地区是城镇发展的集中区，已有几千年历史，发展至今，城镇空间依然呈现出东密西疏的格局，是经济和城镇发展的惯性。这种东密西疏的城镇空间密度还表现在人口密度上，以平原和盆地为主要地形的地区的平均人口密度为 444 人/平方千米，而以高原和山地为主的地区的平均人口密度为 31 人/平方千米。

### 5.4.3 四川城镇空间功能存在重叠现象，空间竞争与摩擦较为严重

城镇空间是经济和社会发展的载体，城镇空间结构功能的形成除了依靠自身的发展基础、资源和要素禀赋等比较优势，还依赖于城镇间物质、信息和贸易交流，尤其是大城市的空间溢出效应、技术溢出效应和知识溢出效应等，来形成单个城镇在城镇空间系统内的职能。然而，城镇职能的定位对集聚省内资源、明确城镇发展重心、探索差异化城镇发展模式具有重要且积极的作用，而一旦功能重叠，就容易加剧城镇空间的竞争与摩擦。如成都、德阳和自贡都大力发展装备制造业，成都、资阳、绵阳和南充等地区都争先发展汽车产业，成都、绵阳和遂宁先后布局电子信息产业，成都、遂宁、南充、达州纷纷发展服装鞋业等，可能在一定程度上造成地区之间与资源、要素、资金和技术展开激烈竞争。人口流动是反映经济发展、产业条件、就业环境、城镇公共服务水平等一些因素的综合指标，可以通过分析城镇人口的流动情况，大致分析城镇空间的竞争现象。以各地区对劳动力资源的吸引力和劳动力流动情况来看，成都作为四川经济发展的核心地带，对市、州的经济辐射能力较强，在城镇空间竞争中保持着优势，人口呈现出向成都大规模集中的趋势，达到了 240.01 万人，如表 5-13 所示。

表 5-13　　　　　　　　各市州人口流动情况　　　　　　单位：万人

| | 人口集聚 | 镇域人口流动 | 县域人口流动 | 市域人口流动 | 省域人口流动 |
|---|---|---|---|---|---|
| 总计 | 1 173.51 | 482.13 | 217.80 | 360.72 | 112.86 |
| 成都市 | 469.74 | 82.44 | 87.11 | 240.06 | 60.13 |
| 自贡市 | 27.49 | 14.23 | 7.81 | 4.11 | 1.34 |
| 攀枝花 | 32.09 | 7.75 | 4.62 | 15.45 | 4.28 |

表5-13（续）

| | 人口集聚 | 镇域人口流动 | 县域人口流动 | 市域人口流动 | 省域人口流动 |
|---|---|---|---|---|---|
| 泸州市 | 42.57 | 22.11 | 10.71 | 5.37 | 4.38 |
| 德阳市 | 46.53 | 23.98 | 8.06 | 10.56 | 3.94 |
| 绵阳市 | 70.34 | 27.62 | 19.73 | 17.35 | 5.64 |
| 广元市 | 27.48 | 15.03 | 5.59 | 4.20 | 2.66 |
| 遂宁市 | 25.87 | 18.81 | 3.35 | 2.57 | 1.15 |
| 内江市 | 26.79 | 17.17 | 4.19 | 3.92 | 1.50 |
| 乐山市 | 42.15 | 23.46 | 7.86 | 7.96 | 2.86 |
| 南充市 | 54.87 | 35.24 | 8.56 | 7.85 | 3.21 |
| 眉山市 | 31.44 | 21.80 | 2.46 | 5.45 | 1.73 |
| 宜宾市 | 46.28 | 25.05 | 12.99 | 5.10 | 3.14 |
| 广安市 | 23.59 | 17.70 | 2.41 | 1.83 | 1.66 |
| 达州市 | 53.01 | 35.54 | 10.20 | 3.87 | 3.41 |
| 雅安市 | 16.72 | 9.56 | 1.72 | 3.93 | 1.51 |
| 巴中市 | 23.13 | 18.85 | 1.29 | 2.20 | 0.78 |
| 资阳市 | 27.83 | 22.00 | 1.15 | 3.21 | 1.48 |
| 阿坝州 | 11.39 | 4.40 | 1.57 | 4.04 | 1.38 |
| 甘孜州 | 13.81 | 5.02 | 2.43 | 4.13 | 2.23 |
| 凉山州 | 60.39 | 34.37 | 13.98 | 7.56 | 4.47 |

资料来源：根据《四川省第六次人口普查》整理所得。

而成都市范围内的县域人口流动规模也达到了87.11万人，可以看出成都辖区内的城镇空间人口流动较小，而辖区外往成都地区流动的数量较大，成都在空间竞争中保持着一定优势。与成都类似的还有绵阳、攀枝花和德阳等，对省内其他城镇人口具有较大吸引力，分别为17.35万人、15.45万人和10.56万人，其他地区人口流动如表5-13所示。可见，城镇功能重叠，容易导致产业同构和空间竞争加剧，需要结合城镇空间结构优化和产业结构调整的具体措施，实现区域分工与协作，构建优势互补的竞争格局。

### 5.4.4 四川城镇空间规模存在较大差异，且中小城市和城镇发展滞后

城镇空间结构是政治、经济、社会、文化以及建筑空间布局、交通网络特征、工业产业园区等城镇载体的综合反映，是社会经济运行发展的必然结果，是衡量区域竞争力和影响力的重要指标。四川城镇空间规模存在较大差异，可以从以下三个方面来判断：第一，从城镇空间发展腹地来看，建成区面积是衡量成都城镇空间规模的有效指标。2012 年成都建成区的面积为 515.53 平方千米，而巴中建成区的面积仅为 18 平方千米，前者是后者的 29 倍，可见城镇空间规模发展存在较大差距。第二，从各个不同规模的城镇形成的数量关系来看，四川城镇规模结构不合理。按照克里斯塔勒提出的按城镇人口规模形成的城镇数量关系，应该是 1、7、49、343……。四川特大城市、大城市、中等城市、小城市和城镇形成的数量关系为 1、6、31、19、30、32，明显缺乏一大批既能支持区域核心城市发展，又能辐射带动周边区域小城市和城镇发展的中小城市。第三，根据马克·杰斐逊（M. Jefferson）于 1939 年提出的首位度概念来判断。首位度是第一大城市经济总量与第二大城市经济总量的比值。一般来讲，城市首位度小于 2 属于正常情况，表明区域内城镇发展比较协调，城镇之间的交流贸易属于正常情况；首位度大于 2 表明存在城市空间结构失衡的情况，城市存在过度集中的趋势。四川第一大城市成都和第二大城市绵阳用经济总量衡量的城市首位度为 6，表明四川城镇发展出现了资源要素过度向成都集中的格局。一方面，成都人口膨胀速度超过了城市资源环境承载能力，交通拥堵导致城市运行的通勤成本提高，并且呈现资源紧张、房价抬升、发展空间受限等城镇发展问题；另一方面，其他城市由于城镇建设资金的缺乏，导致交通、能源、信息基础设施落后，区域经济发展环境整体恶化，城镇发展未能真正形成有效的动力，将导致区域发展差距逐步加大。且城镇间的资源要素和经济贸易顺利进行的动力机制和协调机制被割断，大中小城镇将陷入恶性竞争，最终导致城镇发展陷入"囚徒困境"。

### 5.4.5 四川城镇空间结构逐步由粗放模式到集约模式演变

城镇空间结构演变是在综合因素共同作用下的结果，城镇空间结构优化调整是要在既定的约束条件下，由粗放模式到集约模式演变。受 20 世纪 80 年代美国城市规划学者提出的"精明增长"（Smart Growth）的影响，城镇规划应该以节约开发成本、提高单位面积的土地利用效率为指导，形成密集型的组团格局，单个组团生活和就业单元应该"相邻分布"，组团之间有绿地相隔离，

混合过程中应注意生态平衡与生活的幸福指数。四川省正通过规划和政策引导，合理引导产业向园区集中，农民向城镇和农村新型社区转移集中，引导人口向适宜的地区合理聚集，并通过行政区调整和变动，促进城镇空间结构由粗放到集约模式转变。四川行政区域面积（除重庆）保持不变，但随着经济社会发展和城镇空间结构变迁，行政区划出现了较大变化，1952 年至 2004 年，地级市从 2 个增加到 18 个，县城从 129 增加到 181 个，县级市从 6 个增加到 14 个，市辖区从 11 个增加到 43 个，2004 年以后，四川行政区划数一直比较稳定，如表 5-14 所示。

表 5-14　　　　　　　　主要年份四川行政区划变化表

|  | 1952 年 | 1978 年 | 2004 年 | 2012 年 |
|---|---|---|---|---|
| 行政区面积（平方千米） | 48.5 | 48.5 | 48.5 | 48.5 |
| 地级（个） | 19 | 14 | 21 | 21 |
| 地级市（个） | 2 | 3 | 18 | 18 |
| 县级（个） | 129 | 138 | 181 | 181 |
| 县级市（个） | 6 | 6 | 14 | 14 |
| 市辖区（个） | 11 | 12 | 43 | 43 |

资料来源：经《2013 年四川省统计年鉴》整理得到。

除通过行政区调整来保障四川城镇空间结构演变以外，还要通过提高土地利用效率来实现城镇空间结构由粗放到集约模式的转变。改革开放前，四川经济主要依靠自身资源要素的开发，依托内部市场实现城镇空间的扩张和发展。而改革开放以后，随着经济全球化趋势愈演愈烈，西部大开发成为西部地区城镇空间结构演进和发展的"制度动力"，四川各个市、州出现了投资大量涌进、工业用地集聚减少、城镇土地利用指标越来越紧张的现象，导致四川在城镇建设和规划布局方面不得不摆脱粗放式的城镇蔓延模式，而采取集约、高效的"精明增长"路径[1]。尤其是在 2000 年以后，经济发展方式发生转变，产业结构升级，迫使四川在新一轮城镇规划发展的过程中，不得不通过综合使用土地功能等方式充分开发老城和原有设施、提高准入门槛、进行制度约束等方式来合理利用城镇空间。因此，通过行政区调整和土地集约开发的方式，四川城镇空间结构逐步由粗放模式为演变集约模式，是四川城镇空间结构现实格局

---

[1]　马强，徐循初."精明增长"策略与我国的城市空间扩展 [J]. 城市规划汇刊，2004（3）：16-22.

的重要特征。

### 5.4.6 四川城镇空间结构呈现组团式发展和产业集聚特征

城镇发展到一定规模，大量的人口、产业和贸易集中，在一定程度上将会产生负向关联的"极化效应"，对某些产业或者生产经营行为将产生重大作用，使得企业最优区位选址发生变化，促进产业在城镇空间范围内合理布局，导致城镇功能发生变化，并形成相互支撑、相互推动的组团式发展格局。四川城镇空间结构特征从总体上来讲是"一核多极"的模式，正由单核心增长模式逐渐过渡到多核心增长模式，形成了成都平原城市群、川南城市群、川东北城市群和攀西城市群协调发展的基础雏形，区域性中心城市对四川城镇空间"多点多极支撑"起着重要作用。不仅在城镇空间上形成了组团式发展模式，在城镇产业空间布局上，各市、州的发展方向和主导产业定位也各不相同，其实质是地区资源禀赋约束条件下符合自身比较优势的最佳选择，是通过区域联系和区域分工实现的经济与产业功能在不同地域的空间集聚。既避免了城镇职能的过度集中带来的一系列"城市病"、空间集聚负效应和城镇两极分化的扩大，又通过经济产业职能的辐射作用，带动了边缘地区的经济增长和城镇空间的均衡发展，各市、州主导产业分布及其目标定位如表5-15所示。

表5-15                          各市州主导产业分布及其目标定位

| 地区 | 主导产业 | 目标定位 |
|---|---|---|
| 成都市 | 电子信息、机械（含汽车）、医药、食品（含烟草）、冶金建材、石油化工、航空航天 | 努力建设成为我国重要的现代制造业基地、软件和信息服务业基地 |
| 自贡市 | 机械、装备制造、盐卤化工 | 加快建设成我国重要的硅氟和超硬等新材料基地、西部重要的装备制造业基地和精细化工产业基地 |
| 攀枝花 | 钒钛新材料、钢铁、水电、化工 | 努力打造世界知名的钒钛产业基地 |
| 泸州市 | 天然气化工、煤化工、装备制造、饮料食品 | 建设西部化工城和长江上游综合生产性物流基地。 |
| 德阳市 | 装备制造、食品、磷化工和精细化工、医药、新材料、纺织服装 | 加快建设具有国际竞争力的重大技术装备制造业基地和我国重要的化工新材料产业基地 |
| 绵阳市 | 电子信息、新材料、汽车及零部件、特殊钢材、精细化工 | 建设成我国重要的数字视听产业基地、军民结合产业基地、科技创新产业基地 |

表5-15(续)

| 地区 | 主导产业 | 目标定位 |
|------|----------|----------|
| 广元市 | 有色金属、军工电子、天然气化工、农产品加工、新型建材 | 加快建设连接川陕甘区域的现代制造业基地 |
| 遂宁市 | 化工、饮料食品、机械制造、电子信息、纺织服装 | 加快建设成渝经济走廊上具产业集聚力、品牌影响力、自主创新力和市场竞争力的新兴工业强市 |
| 内江市 | 汽车零部件、冶金、新型建材、煤化工、农产品加工 | 建设成中国汽车配件产业基地、西部煤化工基地、川南精品建材基地,努力打造川南城市群经济新高地 |
| 乐山市 | 电子硅材料、冶金建材、盐磷化工、能源、农产品加工 | 加快建设成我国重要的硅材料及太阳能光伏产业基地、西部重要的冶金建材产业基地、我省重要的盐磷化工产业基地 |
| 南充市 | 石油化工、丝纺服装、机械汽车、农产品加工 | 加快建设嘉陵江流域的工业中心和现代制造业基地 |
| 宜宾市 | 食品饮料、能源电力、氯碱化工、装备制造、纺织、竹林纸 | 加快建设西部重要的酒类食品基地、综合能源基地、化工轻纺基地、机械制造基地,支撑建设长江上游川滇黔结合部经济强市 |
| 广安市 | 能源、建材、化工、机械制造、农产品加工 | 加快建设川渝合作产业基地 |
| 达州市 | 天然气化工、硫磷化工、盐化工、冶金建材、农产品加工 | 加快建设西部天然气能源化工基地 |
| 巴中市 | 饮料食品、纺织服装、建材、天然气化工 | 加快建设特色农产品加工基地 |
| 雅安市 | 高水平载能、建材、农产品加工 | 加快建设我省特色资源开发基地 |
| 眉山市 | 铝硅新材料、化工、机械制造、建材、农产品加工 | 加快建设成都平原经济区的新型工业城市 |
| 资阳市 | 机车车辆、汽车及零部件、新型建材、农产品加工 | 加快建设以"西部车城·绿色资阳"为品牌的产业特色鲜明的新兴工业城市,着力打造成渝经济区以造车和食品工业为主的特色产业基地 |
| 阿坝州 | 高水平载能、农畜产品加工、医药、建材和民族旅游用品工业 | 建设特色鲜明、布局合理的原材料生产基地 |
| 甘孜州 | 水电、农产品加工 | 建设特色鲜明、布局合理的原材料生产基地 |

表5-15(续)

| 地区 | 主导产业 | 目标定位 |
|------|---------|---------|
| 凉山州 | 水电、稀土和钒钛新材料、高水平载能、农产品加工 | 加快建设世界级水电产业基地、西南重要的钒钛钢铁、稀土和有色金属基地、四川特色农产品深加工基地 |

资料来源：根据《四川省产业园区产业发展规划指导意见（2009—2012年）》整理所得。

　　四川省21个市、州结合自身资源禀赋和要素条件，合理选择了主导产业，确定了今后一段时间内的目标定位，既是经济社会发展的客观需要，又是城镇空间结构优化调整的需要。因此，城镇空间分布逐渐呈现的组团式的"一核多极"模式和产业向地理空间的集聚是四川城镇空间结构现实格局的重大特征。

## 5.5　本章小结

　　四川城镇空间结构演变受到不同城镇化发展阶段的影响，表现出了不同的发展速度和结果，对现有格局的影响因素分析有利于从宏观上把握自然因素和社会经济因素对四川城镇空间结构演变的影响。气候条件、地形地貌条件都是影响四川城镇空间结构的因素，但经济发展水平、工业化水平、城镇化水平、人口分布和基础设施条件是影响四川城镇空间结构的主要因素。因此，四川城镇空间布局的区域悬殊较大，主要以平原和丘陵地区分布为主，呈现出东密西疏的特点，同时，城镇功能存在重叠，空间竞争与空间摩擦较为严重，中小城镇发展滞后，但同时也表现出城镇空间由粗放模式到集约模式的逐步改变，呈现出组团式发展特征。对城镇空间影响因素、现实格局和表现特征的分析，有利于深化对四川城镇空间结构的演变过程和现实格局的基本把握，有利于为后文发现城镇空间结构优化自身面临的主要问题提出相应的对策、措施。

# 6 四川城镇空间结构现实格局类型、评价结果和影响因素研究

通过定量分析方法研究四川城镇空间结构现实格局的类型、评价结果和影响因素是为了提高实证分析的科学性和可信度。首先是通过空间引力模型探讨城镇空间结构现实格局的具体类型，是对前文城镇空间结构现实格局的进一步深化和提高，通过更加准确的方法得出四川城镇空间密度和集聚度，以便明确四川城镇空间结构优化的原则、重点、内容。其次是通过功效函数与协调函数判断四川城镇空间结构所处的具体阶段，既是对前文城镇空间结构评价方法的具体应用，又是以此具体阶段为依据探索四川城镇空间高度协调的原因。最后，通过空间滞后模型（SLM）对影响四川城镇空间结构优化的指标进行显著性分析，将空间权重矩阵应用于模型分析，能够大大提高模型的解释力和可信度，并在此基础上深入研究促进四川城镇空间结构优化的政策措施。

## 6.1 四川省城镇空间结构现实格局的类型——基于空间引力模型的分析

### 6.1.1 城镇空间引力模型的理论分析

城镇空间引力模式是城镇空间结构优化的重要定量分析模型，依据各个城镇的布局和各个城镇的空间引力关系形成的密度结构，可以更加科学地判断出城镇空间现实格局的具体类型。研究城镇空间结构和地域分布通常是将城镇视为区域的一个结节点，利用平面统计方法研究结节点的分布频数和频率，从而判断城镇空间密度的分布属于随机分布、均匀分布，还是聚集分布类型。顾朝林（1992）利用泊松方程演变的随机分布模型定量研究了中国城镇空间结

构①，此模型将区域内的城镇视为随机分布的点集，依据区域面积 $A$ 和点数 $n$ 测算区域内的平均最邻近距离 $D_e$，然后测算目标点与其最邻近距离的平均值 $D_a$，则区域内城镇集聚程度 $R$ 可以表示为 $R = D_a/D_e$。随着城镇空间密度的增加，城镇间相互作用的集聚特征愈发明显，各城镇的布局以及周边城镇的物质、信息和贸易交流将导致其影响强度和范围相差很大，随机分布模型在测算各城市集聚分布状态时忽略了各城市间相互影响和作用。随着研究的深入，学者们将城镇间的相互作用关系纳入模型中考虑。利用在牛顿引力模型基础上发展起来的空间引力模型，对随机分布模型进行修正，可以在考虑城镇空间相互作用的基础上研究城镇空间结构分布，既可以在一定尺度内研究城镇空间密度分布，又可以将不同密度城镇集聚区相互作用的大小进行定量分析。其中，牛顿引力模型如式（6-1）所示：

$$F = G \frac{M_i \times M_j}{D_{ij}{}^2} \qquad (6-1)$$

式中，$F$ 为物体间的引力，$M_i$、$M_j$ 为物体质量，$D_{ij}$ 为两物体的距离，$G$ 为地心引力常数。为了区别空间引力模型和牛顿引力模型，将各城镇与外界空间相互作用抽象化，用相对简单的公式来测算城镇间联系如式（6-2）所示：

$$F_{ij} = G \times \frac{P_i \times P_j}{r_{ij}{}^2}$$

将式（6-2）中的常数 $G$ 变成城镇的相对权重，分别用 $W_i$ 和 $W_j$ 表示，引力模型为：

$$I_{ij} = \frac{(W_i P_i) \times (W_j P_j)}{D_{ij}{}^b}$$

式（6-3）中：$I_{ij}$ 为 $i$、$j$ 两个城镇的相互作用力，$W_i$ 和 $W_j$ 为权数，$P_i$、$P_j$ 为 $i$ 和 $j$ 城市的人口规模，$D_{ij}$ 为两个城镇间的距离，$b$ 为距离的摩擦指数。本书结合既有研究成果和四川省城镇空间人员、经济和贸易交流等情况，通过对城镇空间分布场强值的测算来衡量四川城镇空间面密度分布情况及其形成的集聚度大小。

### 6.1.2 城镇空间密度与集聚度的计算步骤与结果

假设四川省各区县的城镇坐落于各区县的中心位置，面积相等，均为 $A$，其中区县数量为 $N$，则城镇的最邻近距离为 $\frac{1}{2}\sqrt{\frac{A}{N}}$。因此，某个城镇区县的

---

① 顾朝林. 中国城镇体系——历史·现状·展望 [M]. 北京：商务印书馆，1992.

场强 $P_e$ 表示为式（6-4）[①]：

$$P_e = G \times \frac{\left(\sum\limits_{i=1}^{N} M_i\right)^2}{N^2} \times \frac{4N}{A} \tag{6-4}$$

在考虑城镇空间静态分布格局时，还需要考虑城镇与其周边城镇的相对距离和分布情况，需要以一定范围内的城镇数量、最邻近距离和城镇规模来表示。本书选择城镇空间范围时，参照顾朝林的标准，选取距离核心区县 62.5 千米和 125 千米范围内的城镇来描述城镇空间的集聚特征，则某一层次内的城镇的区县场强 $P_a$ 表示为式（6-5）：

$$P_a = G \times \frac{\left(\sum\limits_{i=1}^{n} M_i\right)^2}{n^2} \times \frac{1}{D_a^{\,2}} \tag{6-5}$$

其中，$M_i$ 为城镇 $i$ 的规模（以市区非农人口表示），$n$ 为某一层次内城镇的区县数，$N$ 为某个行政区的区县总数，$A$ 为某省区的面积，$G$ 为城镇的相对权重，由于本书是四川省各城市在 62.5 千米和 125 千米两个层次进行的对比，$G$ 作为常数与最终结果无关，为简化计算故 $G$ 取值为 1。

由于 $P_e$ 和 $P_a$ 的计算方法仅是在严格理论假设条件下的结果，现实中各区县的分布情况不可能是均匀分布，区县大小不可能相等，因此在计算 $P_e$ 和 $P_a$ 的函数值时需要借助 MapInfo 10.0 软件，具体计算步骤分别表示为式（6-6）、式（6-7）：

$$P_e = G \times \frac{\left(\sum\limits_{i=1}^{N} M_i\right)^2}{N^2} \times \frac{4N}{A} = G \times \frac{\overline{M_e}^2}{\overline{D_e}^{\,2}} \tag{6-6}$$

$$P_a = G \times \frac{\left(\sum\limits_{i=1}^{n} M_i\right)^2}{n^2} \times \frac{1}{\overline{D_a}^{\,2}} = G \times \frac{\overline{M_a}^2}{\overline{D_a}^{\,2}} \tag{6-7}$$

其中，$D_e$ 和 $D_a$ 分别表示某单元内和某层次范围内的最邻近距离，具体取值需要 MapInfo 10.0 软件计算后再加以整理。可以直观地发现，四川城镇密集程度差距较大，多个城镇密集区的区县间的最邻近距离仅为 1 千米左右，而城镇空间密度低的地区区县间的最近距离可达 84.9 千米，如表 6-1 所示。

---

① 李震，顾朝林，姚士媒. 当代中国城镇体系地域空间结构类型定量研究 [J]. 地理科学，2006，26（5）：544-550.

表 6-1 　　　　　　　　　　各区县最邻近距离测算表 　　　　　　　　　　单位：千米

| 区县 | 最邻近区县 | 距离 | 区县 | 最邻近区县 | 距离 | 区县 | 最邻近区县 | 距离 |
|---|---|---|---|---|---|---|---|---|
| 锦江区 | 成华区 | 1.19 | 荣县 | 威远县 | 15.60 | 盐亭县 | 三台县 | 19.58 |
| 青羊区 | 金牛区 | 1.38 | 富顺县 | 沿滩区 | 9.09 | 安县 | 涪城区 | 10.30 |
| 金牛区 | 青羊区 | 1.38 | 东区 | 仁和区 | 3.92 | 梓潼县 | 江油市 | 26.78 |
| 武侯区 | 青羊区 | 2.07 | 西区 | 东区 | 7.08 | 北川县 | 江油市 | 17.83 |
| 成华区 | 锦江区 | 1.19 | 仁和区 | 东区 | 3.92 | 平武县 | 北川县 | 41.72 |
| 龙泉驿区 | 成华区 | 12.24 | 米易县 | 会理县 | 16.58 | 江油市 | 北川县 | 17.83 |
| 青白江区 | 新都区 | 5.87 | 盐边县 | 东区 | 13.90 | 利州区 | 元坝区 | 11.16 |
| 新都区 | 青白江区 | 5.87 | 江阳区 | 龙马潭区 | 1.84 | 元坝区 | 利州区 | 11.16 |
| 温江区 | 郫都区 | 8.81 | 纳溪区 | 江阳区 | 9.01 | 朝天区 | 利州区 | 15.48 |
| 金堂县 | 青白江区 | 12.04 | 龙马潭区 | 江阳区 | 1.84 | 旺苍县 | 元坝区 | 19.15 |
| 双流区 | 武侯区 | 9.12 | 泸县 | 隆昌市 | 15.08 | 青川县 | 剑阁县 | 26.75 |
| 郫都区 | 温江区 | 8.81 | 合江县 | 江阳区 | 23.37 | 剑阁县 | 利州区 | 20.85 |
| 大邑县 | 崇州市 | 9.57 | 叙永县 | 兴文县 | 15.13 | 苍溪县 | 阆中市 | 13.10 |
| 蒲江县 | 丹棱县 | 12.49 | 古蔺县 | 叙永县 | 25.17 | 船山区 | 安居区 | 13.75 |
| 新津县 | 双流区 | 12.56 | 旌阳区 | 广汉市 | 11.94 | 安居区 | 船山区 | 13.75 |
| 都江堰市 | 彭州市 | 18.41 | 中江县 | 旌阳区 | 19.05 | 蓬溪县 | 西充县 | 17.92 |
| 彭州市 | 郫都区 | 11.45 | 罗江县 | 旌阳区 | 14.92 | 射洪县 | 蓬溪县 | 21.11 |
| 邛崃市 | 大邑县 | 11.45 | 广汉市 | 青白江区 | 7.52 | 大英县 | 船山区 | 19.49 |
| 崇州市 | 大邑县 | 9.57 | 什邡市 | 广汉市 | 12.24 | 市中区 | 东兴区 | 1.83 |
| 自流井区 | 大安区 | 1.38 | 绵竹市 | 什邡市 | 15.30 | 东兴区 | 市中区 | 1.83 |
| 贡井区 | 自流井区 | 3.01 | 涪城区 | 游仙区 | 1.18 | 威远县 | 大安区 | 12.59 |
| 大安区 | 自流井区 | 1.38 | 游仙区 | 涪城区 | 1.18 | 资中县 | 东兴区 | 18.14 |
| 沿滩区 | 自流井区 | 8.18 | 三台县 | 盐亭县 | 19.58 | 隆昌市 | 泸县 | 15.08 |
| 市中区 | 五通桥区 | 12.12 | 青神县 | 东坡区 | 15.25 | 汉源县 | 石棉县 | 18.80 |
| 沙湾区 | 峨眉山市 | 13.13 | 翠屏区 | 宜宾县 | 6.43 | 石棉县 | 汉源县 | 18.80 |
| 五通桥区 | 市中区 | 12.12 | 宜宾县 | 翠屏区 | 6.43 | 天全县 | 芦山县 | 11.57 |
| 金口河区 | 峨边县 | 11.54 | 南溪区 | 江安县 | 9.92 | 芦山县 | 天全县 | 11.57 |
| 犍为县 | 五通桥区 | 14.70 | 江安县 | 南溪区 | 9.92 | 宝兴县 | 芦山县 | 16.33 |
| 井研县 | 青神县 | 18.13 | 长宁县 | 江安县 | 13.79 | 巴州区 | 平昌县 | 27.40 |
| 夹江县 | 峨眉山市 | 10.48 | 高县 | 珙县 | 12.23 | 通江县 | 平昌县 | 25.36 |

表6-1(续)

| 区县 | 最邻近区县 | 距离 | 区县 | 最邻近区县 | 距离 | 区县 | 最邻近区县 | 距离 |
|---|---|---|---|---|---|---|---|---|
| 沐川县 | 犍为县 | 17.54 | 珙县 | 高县 | 12.23 | 南江县 | 旺苍县 | 33.18 |
| 峨边县 | 金口河区 | 11.54 | 筠连县 | 高县 | 17.96 | 平昌县 | 通江县 | 25.36 |
| 马边县 | 沐川县 | 23.28 | 兴文县 | 叙永县 | 15.13 | 雁江区 | 简阳市 | 20.25 |
| 峨眉山市 | 夹江县 | 10.48 | 屏山县 | 宜宾县 | 16.07 | 安岳县 | 安居区 | 18.70 |
| 顺庆区 | 高坪区 | 1.37 | 广安 | 华蓥市 | 10.40 | 乐至县 | 安岳县 | 22.30 |
| 高坪区 | 顺庆区 | 1.37 | 岳池县 | 广安区 | 13.13 | 简阳市 | 雁江区 | 20.25 |
| 嘉陵区 | 顺庆区 | 1.91 | 武胜县 | 岳池县 | 16.46 | 汶川县 | 茂县 | 21.06 |
| 南部县 | 仪陇县 | 13.57 | 邻水县 | 华蓥市 | 10.15 | 理县 | 汶川县 | 24.41 |
| 营山县 | 蓬安县 | 9.53 | 华蓥市 | 邻水县 | 10.15 | 茂县 | 汶川县 | 21.06 |
| 蓬安县 | 营山县 | 9.53 | 通川区 | 达县 | 1.82 | 松潘县 | 黑水县 | 52.98 |
| 仪陇县 | 南部县 | 13.57 | 达县 | 通川区 | 1.82 | 九寨沟县 | 松潘县 | 57.35 |
| 西充县 | 蓬溪县 | 17.92 | 宣汉县 | 达县 | 16.62 | 金川县 | 马尔康市 | 30.33 |
| 阆中市 | 苍溪县 | 13.10 | 开江县 | 宣汉县 | 20.65 | 小金县 | 丹巴县 | 30.20 |
| 东坡区 | 彭山区 | 10.64 | 大竹县 | 渠县 | 15.30 | 黑水县 | 理县 | 45.61 |
| 仁寿县 | 东坡区 | 19.45 | 渠县 | 大竹县 | 15.30 | 马尔康市 | 金川县 | 30.33 |
| 彭山区 | 东坡区 | 10.64 | 万源市 | 通江县 | 48.01 | 壤塘县 | 色达县 | 37.97 |
| 洪雅县 | 丹棱县 | 11.33 | 雨城区 | 名山区 | 9.96 | 红原县 | 阿坝县 | 49.82 |
| 若尔盖县 | 红原县 | 58.65 | 荥经县 | 雨城区 | 15.34 | 康定市 | 泸定县 | 17.97 |
| 泸定县 | 康定市 | 17.97 | 理塘县 | 雅江县 | 44.92 | 宁南县 | 普格县 | 26.00 |
| 丹巴县 | 小金县 | 30.20 | 巴塘县 | 理塘县 | 70.01 | 普格县 | 德昌县 | 21.52 |
| 九龙县 | 冕宁县 | 51.12 | 乡城县 | 稻城县 | 31.00 | 布拖县 | 昭觉县 | 20.81 |
| 雅江县 | 理塘县 | 44.92 | 稻城县 | 乡城县 | 31.00 | 金阳县 | 布拖县 | 26.34 |
| 道孚县 | 炉霍县 | 38.97 | 得荣县 | 乡城县 | 34.66 | 昭觉县 | 布拖县 | 20.81 |
| 炉霍县 | 新龙县 | 37.68 | 西昌市 | 喜德县 | 30.42 | 喜德县 | 冕宁县 | 21.98 |
| 甘孜县 | 炉霍县 | 43.95 | 木里县 | 盐源县 | 37.08 | 冕宁县 | 喜德县 | 21.98 |
| 新龙县 | 炉霍县 | 37.68 | 盐源县 | 木里县 | 37.08 | 越西县 | 冕宁县 | 22.33 |
| 德格县 | 白玉县 | 43.99 | 德昌县 | 普格县 | 21.52 | 甘洛县 | 越西县 | 26.79 |
| 白玉县 | 德格县 | 43.99 | 会理县 | 米易县 | 16.58 | 美姑县 | 雷波县 | 27.09 |
| 石渠县 | 德格县 | 84.90 | 会东县 | 会理县 | 20.57 | 雷波县 | 美姑县 | 27.09 |
| 色达县 | 壤塘县 | 37.97 | | | | | | |

注：本表首先搜集了各区县经纬度，然后通过 MapInfo 10.0 软件创建新地图，再测算最邻近距离。

可以结合表 6-1 的数据和城镇规模计算 $P_e$ 的值, 如表 6-2 所示。然而在测算 62.5 千米和 125 千米范围内的城镇空间数量和场强时, 需要借助城镇空间分布集聚度指标 $R$ 来表示, $R$ 指标表示各层次内 $P_a$ 与整个范围内 $P_e$ 的差异, 如式 (6-8) 所示:

$$R = \left[\frac{P(\overline{D}_a)}{P(\overline{D}_e)}\right]^{\frac{1}{2}} = \left[\frac{N \times A}{4 \times n^2 \times \overline{D_a}^2} \times \left[\frac{\sum\limits_{i=1}^{n} M_i}{\sum\limits_{i=1}^{N} M_i}\right]^2\right]^{\frac{1}{2}}, \ n \leq N \quad (6-8)$$

在式 (6-8) 中 $R$ 越大, 表表明城镇空间的集聚程度越大, $R=1$ 为城镇集聚或者发散的分界线, 城镇空间分布指数对比图如表 6-2 所示。

### 6.1.3 基于场强值和集聚度的实证结果解读

第一, 从城镇空间分布场强值横向对比来看, 成都场强值达到了 20.61, 远高于其他城镇的场强值, 表现出的城镇空间集聚特征非常明显, 是全省名副其实的核心城市。而在 62.5 千米和 125 千米半径范围内, 其场强值逐步减小, 集聚值也逐步减小, 主要是由于成都区县数量过多造成的, 城镇数量对城镇空间场强值和集聚值存在"稀释效应"。

第二, 从城镇空间分布场强值来讲, 12 个城市的区县场强值都大于 1, 7 个城市场强值小于 1, 成都、自贡、南充和攀枝花分别是四大城镇群的中心城市, 场强值分别为 20.61、7.86、4.28 和 1.75, 可见各大城市群内部城镇空间的布局差距也较大, 成都平原城市群已处于发达和成熟阶段, 而攀西城市群还停留在雏形和初级阶段。这一实证结果与四川四大城镇群定位完全一致, 成都平原城市群是四川经济社会发展的第一增长极, 川南、川东北和攀西城市群分别被定位为优先发展、加快推进和重点推进。

表6-2　2012年四川省分区县城镇空间分布指数

| 城市 | 核心区 | 区县场强值 | | | 62.5千米内区县集聚值 | | | | 125千米内的区县集聚值 | | | |
|---|---|---|---|---|---|---|---|---|---|---|---|---|
| | | 区县数（个） | $D_e$ | $P_e$ | 区县数（个） | $D_a$ | $P_a$ | $R$ | 区县数（个） | $D_a$ | $P_a$ | $R$ |
| 成都 | 锦江区 | 19 | 8.18 | 20.61 | 22 | 9.05 | 15.46 | 0.87 | 46 | 12.02 | 4.14 | 0.45 |
| 德阳 | 旌阳区 | 6 | 13.49 | 1.76 | 19 | 7.62 | 19.83 | 3.36 | 41 | 12.65 | 4.28 | 1.56 |
| 眉山 | 东坡区 | 6 | 13.10 | 1.43 | 14 | 12.53 | 2.22 | 1.25 | 52 | 11.06 | 3.97 | 1.67 |
| 资阳 | 雁江区 | 4 | 20.37 | 1.08 | 6 | 23.83 | 1.03 | 0.97 | 54 | 11.48 | 4.65 | 2.07 |
| 绵阳 | 涪城区 | 9 | 17.33 | 0.93 | 11 | 14.17 | 1.87 | 1.42 | 38 | 13.66 | 3.38 | 1.91 |
| 乐山 | 市中区 | 11 | 14.10 | 0.52 | 12 | 12.60 | 1.02 | 1.40 | 47 | 11.90 | 2.03 | 1.98 |
| 雅安 | 雨城区 | 8 | 14.04 | 0.12 | 10 | 12.04 | 0.24 | 1.43 | 32 | 13.34 | 0.89 | 2.75 |
| 自贡 | 自流井 | 6 | 6.44 | 7.86 | 12 | 8.17 | 4.58 | 0.76 | 40 | 11.85 | 1.91 | 0.49 |
| 内江 | 市中区 | 5 | 9.89 | 3.51 | 12 | 8.60 | 4.20 | 1.09 | 36 | 12.06 | 2.04 | 0.76 |
| 泸州 | 江阳区 | 7 | 13.06 | 1.07 | 10 | 10.89 | 1.69 | 1.26 | 28 | 10.70 | 1.77 | 1.29 |
| 宜宾 | 翠屏区 | 10 | 12.01 | 0.74 | 10 | 10.43 | 1.47 | 1.41 | 34 | 11.75 | 1.36 | 1.36 |

（成都平原城镇群：成都、德阳、眉山、资阳、绵阳、乐山、雅安；川南城镇群：自贡、内江、泸州、宜宾）

表6-2（续）

| 城市 | 核心区 | 区县场强值 | | | 62.5千米内区县集聚值 | | | | 125千米内的区县集聚值 | | | |
|---|---|---|---|---|---|---|---|---|---|---|---|---|
| | | 区县数（个） | $D_e$ | $P_e$ | 区县数（个） | $D_a$ | $P_a$ | $R$ | 区县数（个） | $D_a$ | $P_a$ | $R$ |
| 南充 | 顺庆区 | 9 | 9.10 | 4.28 | 11 | 10.89 | 2.81 | 0.81 | 26 | 13.67 | 1.70 | 0.63 |
| 广安 | 广安区 | 5 | 12.72 | 1.80 | 7 | 13.46 | 1.82 | 1.01 | 20 | 10.60 | 3.19 | 1.33 |
| 达州 | 通川区 | 7 | 17.07 | 1.24 | 6 | 13.60 | 2.17 | 1.32 | 17 | 16.32 | 1.26 | 1.00 |
| 遂宁 | 船山区 | 5 | 17.20 | 1.06 | 11 | 13.60 | 1.79 | 1.30 | 29 | 13.62 | 1.87 | 1.33 |
| 巴中 | 巴州区 | 4 | 27.82 | 0.39 | 6 | 23.60 | 0.61 | 1.25 | 19 | 17.90 | 0.89 | 1.51 |
| 广元 | 利州区 | 7 | 20.01 | 0.25 | 7 | 16.81 | 0.35 | 1.19 | 13 | 20.52 | 0.45 | 1.34 |
| 攀枝花 | 东区 | 5 | 9.08 | 1.75 | 6 | 10.33 | 1.19 | 0.83 | 10 | 16.71 | 0.22 | 0.35 |
| 凉山 | 西昌市 | 17 | 25.06 | 0.02 | 5 | 23.11 | 0.06 | 1.73 | 14 | 25.11 | 0.02 | 0.98 |

川东北城镇群

攀西城镇群

第三，从距离核心区县的半径变化来看，从 62.5 千米扩大到 125 千米时，18 个核心区县的场强出现变动，其中成都锦江区、自贡自流井区、内江市中区、南充顺义区、达州通川区、凉山州西昌市和攀枝花东区均出现场强值减弱的情况，周边区县对核心区场强值存在"稀释效应"，而其他城镇则出现了场强值的"累积效应"。这可以简单理解为随着城镇辐射范围的扩大，城镇空间分布格局会由于新增加或减少的城镇数量而出现相应的变动。

第四，从城镇分布集聚值来看，在半径 62.5 千米范围内，旌阳区、东区、涪城区、市中区、雨城区、市中区、江阳区、翠屏区、广安区、通川区、船山区、巴州区、利州区、西昌市的城镇空间集聚值均大于 1，其中旌阳区的集聚效应最明显，为 3.36。在辐射半径为 125 千米的范围内，锦江区、东区、西昌市、顺庆区、自流井、市中区的城镇空间结构呈现出分散的特征。

因此，四川城镇空间集聚呈现"一核多极"的模式，成都是名副其实的核心，自贡、南充和攀枝花分别是川南、川东北和攀西城市群的中心城市，城镇空间形成的集聚和分散的特征各异，多数城镇集聚特征较为显著。大多数城镇所形成的场强、集聚度随着距离、城镇规模和密度的增加而降低。

# 6.2　四川城镇空间结构优化目标评价——基于功效值与协调度的分析

城镇作为区域经济发展的一个结节点，对区域经济发展有着积极的推动作用，城镇的形态和功能决定了区域的整体定位和区域竞争力、城镇的分布和布局、城镇空间的分布情况等，忽略了城镇空间范围内的城镇空间密度系数、经济首位度指数、城镇化水平、城镇地域规模、城镇路网密度、城镇空间联系、城乡二元系数等各项指标综合评判所处的阶段，因此需要借助功效值与协调函数对城镇空间结构优化目标所处的阶段做一个客观的定量分析，可以得出四川城镇空间结构动态目标的实现程度，明确四川城镇空间结构的现状并高度协调这一动态目标的差距，确定城镇空间结构进一步协调发展的重点和内容。

## 6.2.1　基于功效函数与协调度函数分析的基本原理

### 6.2.1.1　功效值指标的选择与说明

城镇空间结构优化的动态分析需要借助功效值与协调度进行客观的定量分析，首先涉及的问题是指标的选择与处理。一般来讲，指标分为单项指标、复合指标和系统指标，其中单项指标主要是评价事物某一方面特征的指标，具有较高的准确性，但其反映的信息较少，系统指标虽然对问题的反映比较全面，但其涉及的问题和信息维度较为复杂。因此，本书选用单项指标与复合指标结合的方法，通过城镇空间静态指标和动态指标的综合分析，旨在全面反映城镇空间结构的动态变化及其协调关系，主要包括这些指标：城镇空间密度系数、经济首位度指数、城镇化水平、城镇地域规模、城镇路网密度、城镇空间联系、城乡二元系数，指标的具体含义及其与城镇空间结构优化的关系如下：

城镇空间密度系数是从整个区域范围的宏观角度反映城镇布局和空间集中度的综合指标，用每万平方千米分布的城镇数量来衡量，用 $A_1$ 表示，是衡量城镇空间结构整体水平的一个复合指标。城镇分布是一个复杂的系统，中国的行政区划统计数据既包含了市辖区又包含了地级市、县城、自治县、街道办和县镇等，因此，本书为了避免重复，在统计城镇数量时仅统计了地级市、县级市、县城和镇。由于行政区划的调整，此项指标呈现出微小变化。

经济首位度指数是从特定城镇在整个城镇空间系统中的地位和作用出发，通常反映了该地区的城镇规模结构和城镇经济集中度，特别是核心城镇和中心城镇将经济首位度指标作为社会经济目标来对待，经济首位度越高说明该城镇在整个城镇空间系统中的极化效应越强，在优化城镇空间结构进程中的作用和地位越显著。经济首位度影响了城镇空间载体的规模、性质和空间结构变迁，是城镇空间要素配置、空间生产能力和空间结构动态调整的表现。经济首位度一般来讲有两种计量方法，一是核心城镇与第二大城镇的经济总量之比，二是核心城镇的经济总量占整个城镇系统经济总量之比，本书采取的是第二种测算方法，将经济首位度定义为成都的经济总量与四川经济总量之比，用 $A_2$ 表示。

城镇化率是反映区域经济发展的重要指标，也是国家和地区社会组织运行秩序和管理水平的重要标志，城镇化率指标一般用居住在市区和镇的人口占总人口的比重来表示，反映人口向城镇空间的集聚过程和集聚程度，用 $A_3$ 表示。城镇化是经济和社会发展到一定阶段后出现的必然结果，城镇化水平和城镇化质量的提高需要以城镇作为空间载体，城镇化水平的推进不仅表现为城镇数量与城镇规模的增加，还表现为城镇空间规模和空间形态的变迁。城镇化是农村剩余劳动力向城镇迁移的社会历史进程，是第二产业和第三产业向城镇集聚发展的过程，是城镇地域功能和城镇空间形态的变迁过程，因此城镇化对城镇空间结构优化有着重要的影响和作用。

城镇地域规模是衡量城镇规模的重要指标之一，城镇地域规模是土地城镇化推进的直接表现，与城镇用地规模基本类似，在合理的城镇地域规模内，城镇各个功能区进行经济贸易交流、要素交流和信息交流的效率会得到提高，城镇空间结构能够实现优化运行。城镇地域规模最重要的衡量指标是建成区面积，用 $A_4$ 表示。建成区是行政区范围内被征用的土地和实际建设用地，包括城镇主要功能区形成的集中连片的部分地区和分散在近郊且与城镇保持密切联系的地区。城镇地域规模是在建成区外围所包括的城镇区域，也就是城镇实际建设用地所达到的边界范围的大小，是包含了分布在城镇空间的功能区所形成的封闭和完整的区域，因此城镇地域规模是城镇空间结构优化的重要指标，通过城镇地域规模结构的优化形成合理分工的城镇功能分区，最终促进城镇空间结构的良性发展。

城镇路网密度是城镇空间社会经济活动的物质载体，是城镇经济贸易联系的纽带，城镇路网密度对城镇空间结构优化有着重要作用，由于不同交通工具所依赖的交通条件不同，本书仅用每万平方千米的里程数来衡量城镇路网密度，用 $A_5$ 表示。城镇路网密度一方面作为有形的客观物体，本身是城镇空间形态的重要组成部分，城镇路网密度高的区域的经济发展水平较高，城镇空间结构相对于其他区域而言更为完善。另一方面，城镇路网密度是城镇空间结构优化的前提条件，城镇功能分区、城镇劳动地域分工或者主体功能区的推进和完善依靠良好的交通条件。

城镇空间联系用城镇旅客周转量来度量，用 $A_6$ 表示，旅客周转量越大，说明各个城镇之间以及城镇内部与外部系统之间的交流更加密切，城镇人员交往是一个多层次、多结构的交往，既可能是劳动力要素的流动，又可能是技术、文化在城镇地域空间范围的扩散，对城镇空间结构优化有着深远的影响。要素、劳动力和技术是经济发展不可或缺的条件，城镇空间联系在一定程度上可以衡量不同规模城镇对周边城镇的极化和辐射效应，可以代表城镇空间结构调整升级的潜力和要素保障，作为城镇空间结构优化的重要要素，理应关注其功效值的动态变化。

城乡二元系数是在刘易斯城乡二元结构理论指导下结合四川所处的背景而新增的指标，主要以城镇固定资产投资占全社会固定资产投资的比重来衡量，用 $A_7$ 表示，因为投资是促进城镇空间密度、空间功能和空间规模形成的主要动力，通过投资示范效应才能带动其他要素的配套跟进，最终实现城镇空间结构优化。城乡二元系数越大，表明城镇空间发展与外围地区的差距越大，四川正处在工业化中期向后期过渡的阶段，城镇化滞后于工业化，加之户籍制度障碍，人口向城镇长期稳定地迁移和定居的进程较慢，因此城乡二元结构客观上成为阻碍城镇空间结构调整优化的重要因素。

通过对各个单项指标与复合指标的综合分析，本书设立了 7 个指标，从城镇空间结构优化的主要推动力、主要载体和主要表现形式等方面，全方位地对城镇空间结构进行了指标设计。由于部分指标 2000 年以前的数据存在较大的收集难度，因此本书将 2000 年与 2015 年的各指标值分别作为功效函数与协调度计算的上下限，并利用熵技术修正了层次分析法（AHP）所得到的权重，使得功效函数与协调函度的计算更为准确。

### 6.2.1.2 熵技术修正下的层次分析法（AHP）步骤

单纯用指标反映城镇空间结构问题显得过于简单，容易忽略指标间的相关作用联系和指标影响大小，因此需要对指标进行技术修正使之更好地解释目标函数。目前，熵技术对指标权重的赋值主要有主观赋权法和客观赋权法两种，主观赋权法包括二项系数法、专家打分法、环比评分法和层次分析法，客观赋权法主要包括主成分分析法、多目标规划法和熵技术法。其中，层次分析法（Analytic Hierarchy Process，简称 AHP）是美国运筹学专家匹茨堡大学教授萨蒂于 20 世纪 70 年代初提出来的，是一种定性与定量结合的综合分析方法，将目标函数分解成目标、准则和方案等，并在此基础上提出网络系统理论和多目标综合评价方法，其主要步骤如下：

#### 1. 构造判断矩阵

构造判断举证是层次分析的第一步，AHP 信息来源于人们对各个层次不同因素之间的判断，具有一定的主观性。根据对目标函数的分析与判断，将各个元素对整体目标决策的影响分为不同的层次，然后两两对比，采用相对尺度，尽可能减少两因素间由于单位和量纲的影响带来的困难，相对比例标尺如表 6-3 所示。

表 6-3　　　　　　　　　　　　相对比例标尺

| A 指标与 B 相比的判断值 | | | |
| --- | --- | --- | --- |
| 重要程度 | 判断值 | 重要程度 | 判断值 |
| 极重要 | 9 | 极不重要 | 1/9 |
| 很重要 | 7 | 很不重要 | 1/7 |
| 重要 | 5 | 不重要 | 1/5 |
| 略重要 | 3 | 略不重要 | 1/3 |
| 相等 | 1 | | |
| 8、6、4、2、1/2、1/4、1/6、1/8 为评价的中间值 | | | |

判断矩阵是一个正互反矩阵，其特点是 $a_{ij}>0$，$a_{ij}=0$，$a_{ij}=1/a_{ij}$，$i=1$，2，…，$n$。在判断指标的选择问题上，指标太多容易导致判断信息失真，且会出现指标相互矛盾的情况，指标太少容易造成对目标值函数的信息采集过少。因此，选择适当的指标个数对构造判断矩阵进行层次分析具有重要作用，心理学家认为指标个数最多不宜超过9个。

2. 各指标权重系数的计算

指标权重的计算是层次分析法的重要步骤，对于矩阵 $A$，满足式（6-8）所示的特征根与特征向量为所需要的权重向量，具体如下：

$$A \times W = \lambda_{max} \times W$$

式（6-8）中，$\lambda_{max}$ 为矩阵 $A$ 的最大特征根，$W$ 为对应于 $\lambda_{max}$ 的正规化特征向量，求最大特征值与特征根的方法有根法和积法，对于高阶矩阵的特征根与特征向量计算一般需要借助软件。

3. 一致性检验

层次分析法本身是一种主观赋权法，本身具有一定的主观性，由于不同研究者对同一问题的看法不一致，甚至会出现同一研究者在不同时期所做出的判断不一致等情况，判断矩阵有可能出现相互矛盾的情况，因此需要对判断矩阵进行一致性检验，从而使各位研究者对同一问题的判断趋于一致，具体包括一致性检验指标 $CI$ 和一致性比率 $CR$，其中 $CI$、$CR$ 如式（6-9）、式（6-10）所示：

$$CI = (\lambda_{max} - n)/(n-1) \tag{6-9}$$
$$CR = CI/RI \tag{6-10}$$

其中 $RI$ 为同阶平均随机一致性指标，其取值如表6-4所示。

表6-4　　　　　　　　　随机一致性指标取值范围

| 阶数 | 1 | 2 | 3 | 4 | 5 | 6 | 7 | 8 | 9 |
|------|---|---|------|------|------|------|------|------|------|
| RI 值 | 0 | 0 | 0.58 | 0.90 | 1.12 | 1.24 | 1.32 | 1.41 | 1.45 |

当 $CR<0.10$ 时，决策者的判断是合理的，可以采用判断矩阵进行层次分析。

4. 建立功效函数和协调度函数

设变量 $u_i$（$i=1$，2，…，$n$）是系统的序参量，取值为 $S_i$（$i=1$，2，…，$n$），$\alpha_i$ 和 $\beta_i$ 分别是系统稳定临界点的序参量的上、下限，则序参量对系统有序的功效可表示为式（6-11）：

$$U(u_i) = \begin{cases} \dfrac{S_i - \beta_i}{\alpha_i - \beta_i}, & \text{当 } U(u_i) \text{ 为} \\ \\ \dfrac{\beta_i - S_i}{\alpha_i - \beta_i}, & \text{当 } U(u_i) \text{ 为负} \end{cases} \tag{6-11}$$

功效函数对应的目标值越大越有利时被称为正指标,对应的目标值越小越有利时被称为逆指标,$U(u_i)$为变量$u_i$对系统的功效值,上述功效函数表示$u_i$越大,对系统贡献度越大,反之越低。

协同论认为系统同内部各子系统由无序走向有序的关键在于各个系统之间的相互作用,协调度函数正是反映这种相互作用的关系函数,本书采取加权平均法对系统功效值$U(u_i)$进行综合,表示为:$C = \sum\limits_{i=1}^{n} W_i U(u_i)$,其中$\sum\limits_{i=1}^{n} W_i = 1$。

用加权平均法计算出来的$C$都介于0与1之间,当$C=1$时表示系统目标函数协调度最大,城镇空间结构向着调整升级后的新格局发展;$C=0$时表示目标函数协调度最小,城镇空间结构将向无序方向发展。一般而言,$C=1$或者$C=0$都是极端情况,大部分情况下,$0<C<1$。$C$值不同,其目标函数协调度等级也不同,借助模糊数学思想,本书将相近的协调度界定为同一层次,具体协调等级划分如表6-5所示。

表 6-5 协调度等级划分

| HD | RHD |
|---|---|
| 0~0.10 | 高度失调 |
| 0.101~0.2 | 中度失调 |
| 0.201~0.4 | 低度失调 |
| 0.401~0.5 | 弱度失调 |
| 0.501~0.6 | 弱度协调 |
| 0.601~0.8 | 低度协调 |
| 0.801~0.9 | 中度协调 |
| 0.901~1 | 高度协调 |

### 6.2.2 四川城镇空间结构优化功效值与协调函数的实证分析

四川城镇空间结构优化实证模型的分析指标共有7个,分别是城镇空间密

度系数 $A_1$、经济首位度指数 $A_2$、城镇化水平 $A_3$、城镇地域规模 $A_4$、城镇路网密度 $A_5$、城镇空间联系 $A_6$、城乡二元系数 $A_7$。

进行层次分析，第一是需要构造判断矩阵，为了避免量纲和指标个数对判断矩阵产生影响，本书采用的是两两比较法，邀请西南财经大学教授、成都市社科院的研究员和博士等 20 人进行讨论，最终的判断矩阵如表 6-6 所示。

表 6-6　　　　　　　　　　　　　AHP 判断矩阵

|  | $A_1$ | $A_2$ | $A_3$ | $A_4$ | $A_5$ | $A_6$ | $A_7$ |
|---|---|---|---|---|---|---|---|
| $A_1$ | 1 | 2 | 1/2 | 1/2 | 1 | 1/3 | 1/3 |
| $A_2$ | 1/2 | 1 | 1/3 | 1/2 | 1/2 | 1/2 | 1 |
| $A_3$ | 2 | 3 | 1 | 1 | 2 | 1 | 3 |
| $A_4$ | 2 | 2 | 1 | 1 | 2 | 1 | 2 |
| $A_5$ | 1 | 2 | 1/2 | 1/2 | 1 | 1 | 3 |
| $A_6$ | 3 | 2 | 1 | 1 | 1 | 1 | 3 |
| $A_7$ | 3 | 1 | 1/3 | 1/2 | 1/3 | 1/3 | 1 |

第二是通过计算判断矩阵特征值和特征向量，本书采用的是 Matlab7.5 计算矩阵的特征根与特征向量，$\lambda_{max} = 7.45$，满足一致性，所得的特征向量如下：

$$w = [\begin{matrix} w_1 & w_2 & w_3 & w_4 & w_5 & w_6 & w_7 \end{matrix}]^T$$

$$w = [\begin{matrix} 0.047\,8 & 0.047\,4 & 0.282\,5 & 0.240\,1 & 0.162\,6 & 0.200\,0 & 0.019\,7 \end{matrix}]^T$$

由于城镇空间结构优化涉及的指标较多，当进行专家咨询和讨论时，会出现标尺不准和信息失真的可能性，因此需要对原判断矩阵进行修正。

将矩阵归一化处理得到如下结果：

$$\bar{w} = \begin{bmatrix} 0.080\,0 & 0.153\,8 & 0.107\,1 & 0.100\,0 & 0.127\,7 & 0.064\,5 & 0.025\,0 \\ 0.040\,0 & 0.076\,9 & 0.071\,4 & 0.100\,0 & 0.063\,8 & 0.096\,8 & 0.075\,0 \\ 0.160\,0 & 0.230\,8 & 0.214\,3 & 0.200\,0 & 0.255\,3 & 0.193\,5 & 0.225\,0 \\ 0.160\,0 & 0.153\,8 & 0.214\,3 & 0.200\,0 & 0.255\,3 & 0.193\,5 & 0.150\,0 \\ 0.080\,0 & 0.153\,8 & 0.107\,1 & 0.100\,0 & 0.127\,7 & 0.193\,5 & 0.225\,0 \\ 0.240\,0 & 0.153\,8 & 0.214\,3 & 0.200\,0 & 0.127\,7 & 0.193\,5 & 0.225\,0 \\ 0.240\,0 & 0.076\,9 & 0.071\,4 & 0.100\,0 & 0.042\,6 & 0.064\,5 & 0.075\,0 \end{bmatrix}$$

通过对归一化矩阵 $\bar{w}$ 的熵向量计算公式 $E_j = -(lnn)^{-1} \sum_{i=1}^{n} \overline{b_{ij}} ln \overline{b_{ij}}$ 可以计

算出：

$$E = [0.927\,2 \quad 0.968\,6 \quad 0.948\,6 \quad 0.969\,6 \quad 0.922\,7 \quad 0.951\,3 \quad 0.910\,7]^{T}$$

指标的偏差度为：

$$f_j = 1 - E_j = [0.072\,8 \quad 0.031\,4 \quad 0.051\,4 \quad 0.030\,4 \quad 0.077\,3 \quad 0.048\,7 \quad 0.089\,3]^{T}$$

指标的信息权重为：

$$g_j = \frac{f_j}{\sum_{j=1}^{n} f_j} = [0.181\,3 \quad 0.078\,2 \quad 0.128\,0 \quad 0.075\,8 \quad 0.192\,7 \quad 0.121\,5 \quad 0.222\,5]^{T}$$

利用指标的信息权重修正层次分析法（AHP）得出的权重系数为：

$$u_j = \frac{g_j w_j}{\sum_{j=1}^{n} g_j w_j} = [0.068\,4 \quad 0.029\,2 \quad 0.285\,4 \quad 0.143\,6 \quad 0.247\,2 \quad 0.191\,6 \quad 0.034\,6]$$

将权重系数修正以后，可以计算各年的功效值，以 2012 年为例，功效值的计算步骤如下：

UA1 =（40.91-40.16）/（45-40.16）= 0.155 0

UA2 =（0.340 9-0.294 5）/（0.353 6-0.294 5）= 0.785 1

$U_{A3}$ =（43.53-26.69）/（48.00-26.69）= 0.790 2

$U_{A4}$ =（1 901.72-991.71）/（2 207.59-991.71）= 0.748 4

$U_{A5}$ =（6 039-1 873）/（7 851-1 873）= 0.696 9

$U_{A6}$ =（1 310.246-496.8）/（1 656.4-496.8）= 0.701 5

$U_{A7}$ =（0.970 1-0.304 1）/（0.993 3-0.304 1）= 0.966 5

其他代表性年份的功效值计算如表 6-7 所示。

表 6-7　四川城镇空间结构指标上下限值、实现值和指标权重

| | 2000 年下限值 | 2015 年上限值 | 2001 年实现值 | 2005 年实现值 | 2010 年实现值 | 2011 年实现值 | 2012 年实现值 | 权重 |
|---|---|---|---|---|---|---|---|---|
| $A_1$ | 40.16 | 45.00 | 42.16 | 42.02 | 40.76 | 40.64 | 40.91 | 0.068 4 |
| $A_2$ | 0.294 5 | 0.353 6 | 0.307 9 | 0.321 0 | 0.323 0 | 0.330 6 | 0.340 9 | 0.029 2 |
| $A_3$ | 26.69 | 48.00 | 27.89 | 33.00 | 40.18 | 41.83 | 43.53 | 0.285 4 |
| $A_4$ | 991.71 | 2 207.59 | 1 092.76 | 1 442.9 | 1 629.7 | 1 788.1 | 1 901.72 | 0.143 6 |
| $A_5$ | 1 873 | 7 851 | 2 237 | 2 360 | 5 475 | 5 829 | 6 039 | 0.247 2 |
| $A_6$ | 496.8 | 1 656.4 | 530.5 | 682.3 | 1 066.1 | 1 198.35 | 1 310.25 | 0.191 6 |
| $A_7$ | 0.304 1 | 0.993 3 | 0.771 2 | 0.834 5 | 0.843 3 | 0.962 4 | 0.970 1 | 0.034 6 |

接下来进行协调度值的计算，本书通过的是加权平均法计算，测算出来的协调度值位于 0 与 1 之间，当协调度为 1 时表示系统目标函数协调度最大，协调度为 0 时表示目标函数协调度最小，正常而言，协调值大于 0 且小于 1。利用加权平均法将权重与功效值对应乘积加总便是所对应的协调度，其计算结果如表 6-8 所示。

表 6-8 四川城镇空间结构各指标功效值与协调函数

| | 2001 年功效值 | 2005 年功效值 | 2010 年功效值 | 2011 年功效值 | 2012 年功效值 | 趋势 |
|---|---|---|---|---|---|---|
| $A_1$ | 0.413 2 | 0.384 3 | 0.124 0 | 0.099 2 | 0.155 0 | - |
| $A_2$ | 0.226 7 | 0.448 4 | 0.482 2 | 0.610 8 | 0.785 1 | + |
| $A_3$ | 0.056 3 | 0.296 1 | 0.633 0 | 0.710 5 | 0.790 2 | + |
| $A_4$ | 0.083 1 | 0.371 1 | 0.524 7 | 0.655 0 | 0.748 4 | + |
| $A_5$ | 0.060 9 | 0.081 5 | 0.602 5 | 0.661 8 | 0.696 9 | + |
| $A_6$ | 0.029 1 | 0.160 0 | 0.490 9 | 0.605 0 | 0.701 5 | + |
| $A_7$ | 0.677 8 | 0.769 7 | 0.782 5 | 0.955 3 | 0.966 5 | + |
| 协调度 | 0.107 0 | 0.254 6 | 0.548 7 | 0.634 0 | 0.706 6 | + |
| 判断 | 中度失调 | 低度失调 | 弱度协调 | 低度协调 | 低度协调 | |

### 6.2.3 对功效值与协调值实证分析结果的解释

由表 6-8 可以得出功效值趋势减弱的指标仅有一个，即城镇空间密度系数，从 2001 年的 0.413 2 降低到 2010 年的 0.124 0，再逐步增加到 2012 年的 0.155 0，呈现出先减小再逐步增加的趋势，主要是由于 2005 年至 2010 年的经济发展速度较快，为适应经济和产业发展的需要，行政区出现了一些调整现象。功效值增加的指标共有 6 个，分别保持着较快的增长势头，主要得益于各个影响因素之间相互促进并相互推动所得的"溢出效应"。

由表 6-8 可知，从 2001 年至 2012 年，四川省城镇空间结构总体呈现出逐步优化的趋势，2001 年的协调度为 0.107 0，表现为中度失调，2005 年的协调度为 0.254 6，表现为低度失调，2010 年的协调度为 0.548 7，表现出弱度协调，2011 年和 2012 年的协调度分别为 0.634 0 和 0.706 6，都为低度协调。可以看出四川省城镇空间结构的各个指标是由一个中度失调到低度协调的平稳发展的过程。

2001 年至 2005 年，协调度从 0.107 0 增加到 0.254 6，增加了 0.147 6，年平均增加 0.036 9；而 2005 年至 2010 年，协调度从 0.254 6 增加到 0.548 7，增加了 0.294 1，年平均增加 0.058 8；2010 年至 2012 年，协调度从 0.548 7 增加到 0.706 6，增加了 0.157 9，年平均增加 0.078 9。由此可以看出随着四川省城镇空间结构从中度失调到低度失调，由低度失调到弱度协调，再由弱度协调到低度协调，其增速是逐步增加的，即城镇空间结构运行的各个影响因素一旦形成了相对稳定的由中度失调到弱度协调的格局后，便可能发挥 "1+1>2" 的作用，推动城镇空间结构的优化。这说明了四川城镇空间结构优化调整需要重视投资、人口迁移、交通网络和城镇空间联系等因素的关系和作用。

与此同时，从表 6-8 中也可以看出，2010 年的协调度为 0.548 7，2011 年的协调值为 0.634 0，而 2012 年的协调度为 0.706 6，虽然都呈现出协调度进一步增长的趋势，但是其增速开始降低，可能意味着由低度协调到中度协调再到高度协调的难度将会增加，其经历的时间也可能进一步增加。

## 6.3 四川省城镇空间结构优化的影响因素研究——基于空间滞后模型的分析

四川城镇空间结构优化研究是一个复杂的社会经济演变进程，不仅需要考虑城镇空间结构现实格局和城镇空间动态目标的实现程度，更需要考虑地理邻近效应和空间溢出效应对城镇空间结构优化调整的影响。城镇空间的地理格局和区位因素，有利于相邻城镇形成集聚化和网络化发展，城镇的经济空间联系、贸易往来和交通网络对城镇空间的格局存在重大影响，且不同地域由于不同社会经济环境会造成相同指标在不同地区或者相同地区不同时期的指标影响各不相同，因此需要考虑各指标的空间异质性和溢出效应对城镇空间结构的影响。空间计量经济模型（Anselin，1988）主要解决回归模型中出现的空间相互作用与相互依赖关系，区域空间单元上的某种经济地理属性与邻近地属性是相关的，城镇间的各种指标属性与时间序列和相对应的空间相关。根据空间计量经济学原理，城镇空间结构优化的各个影响指标的空间计量分析步骤首先是判断 Moran 指数法检验因变量是否存在空间自相关，如果命题成立，则继续建立空间自相关模型对城镇空间结构影响因素进行估计和检验。

### 6.3.1 模型设定

模型的设定是空间计量经济分析的关键步骤，本书采取的是线性回归模型，其具体形式如式（6-12）所示：

$$Y_i = c + \beta_1 x_1 + \beta_2 x_2 + \beta_3 x_3 + \beta_4 x_4 + \beta_5 x_5 + \varepsilon \qquad (6-12)$$

该模型共有样本966个，$\beta_i$为回归参数，$i = 1, 2\cdots, 161$，$x_1$至$x_5$是解释变量，$\varepsilon$为随机误差项。该模型将四川省各城市所在的各个市辖区合并为一个独立的系统，与其他县城一起作为本书研究的对象，即是四川省范围内相对独立且功能完善的所有城镇。但线性回归模型不能考虑空间相关性对被解释变量的影响，因此修正线性回归模型，将空间因素考虑到模型的设定中，需要对被解释变量进行空间自相关检验以及空间滞后模型（SLM）、空间误差模型（SEM）的设定与选择。

### 6.3.2 *Moran' I* 指数的空间自相关性检验

判断各个城镇空间规模是否存在空间自相关性，具体采用 *Moran' I* 指数进行检验[①]，如式（6-13）所示：

$$Moran'I = \frac{\sum_{i=1}^{n} \sum_{j=1}^{n} W_{ij}(Y_i - \bar{Y})(Y_j - \bar{Y})}{S^2 \sum_{i=1}^{n} \sum_{j=1}^{n} W_{ij}} \qquad (6-13)$$

其中，$S_2 = \frac{1}{n}\sum_{i=1}^{n}(Y_i - \bar{Y})$，$\bar{Y} = \frac{1}{n}\sum_{i=1}^{n}Y_i$，$Y_i$表示第 $i$ 地区的观测值，$n$ 为观测区域个数，本书共有161个观测区域。$W_{ij}$为0—1分布的空间权重矩阵，一般的标准为：

$$W_{ij} = \begin{cases} 1; & \text{当区域 } i \text{ 和区域 } j \text{ 相邻} \\ 0; & \text{当区域 } i \text{ 和区域 } j \text{ 不相邻} \end{cases}$$

其中，$i = 1, 2, 3, \cdots n$；$j = 1, 2, 3, \cdots, m$，*Moran'I* 指数可以看作是各观测值离差的乘积和，取值范围为 $[-1, 1]$，当取值接近1时，说明城镇空间规模与空间呈正相关，当取值接近 $-1$ 时说明其与空间呈负相关。根据 *Moran'I* 指数的结果，可采用正态分布的假设检验判断 $n$ 个观测值是否存在空间自相关性，其具体形式如式（6-14）所示：

---

① 欧变玲. 空间滞后模型中 Moran's I 统计量的 Bootstrap 检验 [J]. 系统工程理论与实践, 2010 (9)：1537–1544.

$$Z(\mathrm{d}) = \frac{Moran'I - E(I)}{\sqrt{VAR(I)}} \qquad (6\text{-}14)$$

进行正态分布 $Moran'I$ 指数的期望值及其方差如式（6-15）、式（6-16）所示：

$$E_n(I) = -\frac{1}{n-1} \qquad (6\text{-}15)$$

$$VAR_n(I) = \frac{n^2 w_1 + nw_2 + 3w_0{}^2}{w_0{}^2(n^2 - 1)} - E_n{}^2(I) \qquad (6\text{-}16)$$

其中，$w_o = \sum\limits_{i=1}^{n}\sum\limits_{j=1}^{m} w_{ij}$，$w_1 = \frac{1}{2}\sum\limits_{i=1}^{n}\sum\limits_{j=1}^{m}(w_{ij} + w_{ji})^2$，$w_2 = \sum(w_{i\cdot} + w_{\cdot j})^2$

$w_{i\cdot}$ 和 $w_{j\cdot}$ 分别为空间权值矩阵中 $i$ 行和 $j$ 列之和，如果 $Moran'I$ 指数的 Z 值大于 0.05 置信水平的临界值 1.96，则表明城镇空间规模存在明显的正相关性，相邻地区所形成的城镇系统具有空间溢出效应和邻近效应。

### 6.3.3 空间计量经济模型构建与指标说明

通过 $Moran'I$ 指数判断出四川城镇空间规模存在空间自相关关系以后，应考虑空间因素。Ansenlin（1988）对空间计量经济模型进行研究，将经典回归分析所忽略的空间因素引入模型中，充分考虑了空间非均质性对模型的影响，主要包括空间滞后模型（SLM）和空间误差模型（SEM）。空间滞后模型如式（6-17）所示：

$$Y = \rho W_y + X\beta + \varepsilon$$
$$Y = c + \rho W_y + \beta_1 x_1 + \beta_2 x_2 + \beta_3 x_3 + \beta_4 x_4 + \beta_5 x_5 + \varepsilon \qquad (6\text{-}17)$$

$Y$ 为被解释变量，$X$ 为 $n \times k$ 的外生解释变量矩阵，$W$ 为 $n \times n$ 阶的空间权值矩阵，$\rho$ 为空间回归系数，反映了观测值的空间依赖程度，即相邻区域的观测值 $W_y$ 对本地区观察值 $y$ 的影响程度和方向，$\varepsilon$ 为随机误差项向量。空间误差模型（SEM）的数学表达式如式（6-18）所示：

$$Y = \lambda W_\varepsilon + X\beta + \mu$$
$$Y = c + \lambda W_\varepsilon + \beta_1 x_1 + \beta_2 x_2 + \beta_3 x_3 + \beta_4 x_4 + \beta_5 x_5 + \mu \qquad (6\text{-}18)$$

式（6-18）中，$\mu$ 为随机误差项向量，$\lambda$ 为 $n \times 1$ 的截面因变量向量的空间误差系数，$\mu$ 为正态分布的随机误差向量。$\lambda$ 衡量了样本观测值的空间依赖作用，即某个区域对相邻区域有着一定程度的影响，$\beta$ 反映了自变量 $X$ 对 $Y$ 的影响程度。

SLM 模型和 SEM 模型存在判断和选取的问题，一般可以通过相关检验进行，包括 Moran'I 检验、拉格朗日乘数（Lagrange Multiplier）形式的 LM 和 LM 检验，以及稳健的 RLM 和 RLM 检验。Ansenlin（2004）提出如下的检验准则：

在进行空间依赖检验时，LM 较 LM 在统计上更加显著，且 R-LM 显著而 R-LM 不显著，可以断定空间滞后模型是更为适当的模型。反之，如果 LM 较 LM 在统计上更加显著时，且 R-LM 显著而 R-LM 不显著时，可以断定空间误差模型是更为适当的模型。除了 R2 外，自然对数值、似然比、赤池信息准则和施瓦茨准则都被应用于模型的检验和判断，对数似然值越大，赤池信息准则和施瓦茨准则值越小，模型参数估计效果越好。

两个模型的被解释变量 $Y$ 是四川城镇空间规模，城镇空间规模一般采用人口规模和用地规模来衡量，本书用人口规模衡量城镇空间规模，单位为万人/100 平方千米，主要是因为人口规模的应用较为广泛，且不同等级和大小的城镇都有人口规模的统计指标，便于收集尽可能多的样本信息和容量。解释变量包括：交通路网（用公路里程数 $x_1$ 表示，单位为千米）、社会福利水平（用社会福利床位数 $x_2$ 表示，单位为张）、城乡差距（用城镇与乡村就业人员数之比 $x_3$ 表示）、政府投资用财政支出（用 $x_4$ 来表示，单位为万元）、空间联系（包括物理空间联系和信息联系，用公路货运周转量、电主营业务收入、固定电话用户和移动电话用户总数表示，单位分别为万吨/千米、万元、户、户，用 $x_5$ 表示）。由于大多数指标的单位都不一致，本书对解释变量进行了无量纲化处理，减小了指标不一致造成的计量误差。

### 6.3.4 四川城镇空间规模集聚 *Moran'I* 指数及 *Z* 值计算

利用 geoda 9.5 创建四川 161 个城镇的空间权重矩阵，再通过空间效应分析计算出 2012 年四川城镇空间规模的 *Moran'I* 指数，其具体结果如表 6-9 所示，通过对 *Moran'I* 指数期望值与方差的计算，可以得出正态统计值 $Z$，2012 年的正态统计值 $Z$ 大于 0.05 显著性水平下的临界值 1.96，可以得出四川城镇空间规模呈现出正向空间相关性，即空间依赖性，也就是说四川城镇空间规模并不是呈现出随机状态，而是呈现出一定程度的集聚现象。

表 6-9 　　　　　　　　　　　 *Moran'I* 指数及其 *Z* 值

| 年份 | *Moran'I* | *Moran'I* 指数期望 | 方差 Var（*I*） | 正态 统计量 *Z* | *P* 值 |
|------|-----------|------------------|----------------|-----------------|--------|
| 2012 年 | 0.628 1 | −0.006 3 | 0.042 9 | 12.868 2 | 0.010 |

进一步给出四川城镇空间 *Moran'I* 指数散点图，可以发现四川 161 个城镇

空间规模呈现出四种模式,即第1象限表示高集聚地区被高集聚地区所包围,代表正向空间自相关关系集群;第2象限表示低集聚区域被高集群区域所包围,代表负向空间自相关关系集群;第3象限表示低集聚被低集聚地区所包围,代表正向空间自相关关系集群;第4象限表示高集聚地区被低集聚地区所包围,代表负向空间自相关关系集群,如图6-1所示。

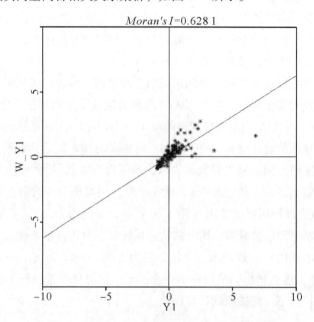

图6-1　四川城镇空间集聚 Moran'I 指数散点图

通过对四川161个城镇的数据进行统计,发现图6-1中四个象限的各点所代表的地区分别如表6-10所示。

表6-10　　　　　　　　四川城镇空间规模集聚的四种模式

|  | 空间模式 | 地区 |
|---|---|---|
| 第1象限 | H-H | 安岳县、仁寿县、蒲江县、新津县、大英县、泸县、资中县、彭山区等67个城镇 |
| 第2象限 | L-H | 叙永县、梓潼县、合江县、盐亭县、筠连县、安县、荣县、宣汉县等12个城镇 |
| 第3象限 | L-L | 白玉县、炉霍县、壤塘县、甘孜县、色达县、石渠县、会东县、布拖县等78个城镇 |
| 第4象限 | H-L | 巴中市辖区、犍为县、乐山市辖区、名山县4个城镇 |

由表 6-10 可以发现，第 1 象限和第 3 象限的城镇为 145 个，第 2 象限和第 4 象限地区分别为 16 个，说明四川城镇空间规模主要表现为空间依赖性。在第 1 象限（H-H）中的 67 个地区是四川城镇空间集聚程度较高的城镇密集区，主要集中在成都平原城镇群、川南城镇群和川东北城镇群的部分城镇。在第 2 象限（L-H）中的 12 个地区。是城镇集聚程度较低的地区，主要集中在成都平原城镇群、川南城镇群和川东北城镇群的边缘地区。第 3 象限（L-L）中的 78 个地区是低集聚，且地区之间呈现出彼此邻近的特征，即低集聚区被低集聚区包围，主要集中在凉山州、甘孜州、阿坝州和绵阳、广元、巴中北部地区。第 4 象限（H-L）中的 4 个城镇是高集聚地区，但由于地理位置邻近第三象限（L-L）所示的低集聚区域，因此呈现出高集聚区被低集聚区包围的空间模式。

分析表明，四川城镇空间规模存在集聚现象，呈现出空间依赖性和空间异质性并存的格局，但主要表现为空间依赖性，因此有必要应用空间计量经济分析对四川城镇空间结构进行分析。

### 6.3.5 四川城镇空间规模影响因素的空间计量经济分析

四川城镇空间规模的发展和变化是多因素共同作用的结果，不同的影响因素对城镇空间规模的影响各不相同，因此有必要对城镇空间规模的影响因素进行客观的计量。传统的面板模型考虑了各因素的个体差异对模型的影响，但忽略了空间相互作用关系和空间相关性对模型的影响，要全面、客观地分析四川城镇空间规模结构的影响因素必须借助空间计量经济学方法，应用空间滞后模型（SLM）和空间误差模型（SEM）对模型进行参数估计。本书的解释变量为四川城镇空间规模，用人口规模指标代替。解释变量为：$x_1$ 代表交通条件，$x_2$ 代表社会福利水平，$x_3$ 代表城乡差距，$x_4$ 代表政府投资，$x_5$ 代表城镇空间联系，其中模型的各指标与被解释变量满足下列假设：

假设 1：交通网络条件对城镇空间规模既可以是正向作用，又可以是负向作用。交通路网密度和公路总里程既可以降低城镇内部的物流和人员交流的成本，提高城镇空间规模的层次和水平，又可以通过便捷的交通干道和低廉的成本促进城镇内部资源要素向发展水平更高的相邻城镇流动，促进相邻城镇和周边城镇的空间规模扩张。尤其是在城镇之间形成了一定的经济发展差距以后，交通条件的改善对经济发展较好的城镇往往起着正向作用，与此同时，可能使相邻城镇的空间规模扩张受到一定的限制。

假设 2：社会福利水平对城镇空间规模的影响是正向的。主要由于社会福利的制度安排受户籍制度限制，社会福利水平较高的地区，一般是城镇密集和经济发展水平相对较高的地区，而社会福利的推进和改善既是经济和社会事业发展的重要内容，又在客观上通过激发劳动力的积极性和提高劳动效率推进农村剩余劳动力转移和相邻城镇人口的空间集聚。

假设3：城乡差距对城镇空间规模的扩张具有正向作用。这里所讲的城乡差距不是从全省范围内来讲的城镇差距，而是从161个城镇与其农村腹地之间吸收的就业量差距来讲的城镇差距，所以城乡差距越大，城镇各产业对农村剩余劳动力的吸收和容纳能力越强，城镇空间规模就会越大。

假设4：政府投资对城镇空间规模有着正向作用。政府投资主要通过财政支出的手段，对城镇经济和社会发展起着重要的宏观引导作用，政府对城镇空间规模的作用机制主要通过政府投资及其溢出机制推动着城镇空间规模发展变化，政府投资的作用是多方面、全方位的，对城镇空间的扩张起着基础性作用。

假设5：城镇空间联系对城镇空间规模扩张有着正向作用。城镇空间联系是城镇信息、技术和经济交流的重要方面，城镇空间联系越密切，资源要素的流动性越高，城镇资源配置效率越高，城镇经济发展和空间规模扩张的动力越明显，因此城镇空间联系通过资源流动和资源配置效率的方式推动着城镇空间规模扩张。

由于各指标的计量单位不同，为了消除不同量纲带来的统计误差，本书对所有解释变量进行了无量纲化处理，先对未加入空间因素的模型进行参数估计，如表6-11所示；再对模型的空间依赖性进行检验以最终确定空间计量经济模型，如表6-12所示；最后加入空间权重矩阵对模型进行空间计量经济分析，如表6-13所示。

通过对未加入空间因素的模型参数进行研究发现，模型的拟合优度为0.699 7，如表6-11所示。交通网络条件 $x_1$ 通过了1%水平下的显著性检验，其回归系数 $\beta$ 的参数估计值为-8.525 0，表明交通网络条件对城镇空间规模为负向效应；$x_2$、$x_4$ 和 $x_5$ 同样通过了1%水平下的显著性检验，参数估计值都为正，分别为9.582 0、22.146 5和1.770 9，表明参数估计结果与原假设一致。而 $x_3$ 的参数估计值为-0.826 2，未通过显著性检验，且与被解释变量存在与原假设相反的负向效应，说明模型很可能受到空间相互作用因素的影响，需要对模型进行空间依赖性检验。

表 6-11                                未加入空间因素的模型参数估计

| 模型 | 回归系数 β | 标准差 δ | t 统计值 | P 值 |
|------|-----------|---------|---------|------|
| $C$ | 1.992 1 | 0.448 5 | 4.442 0 | 0.000 0 |
| $x_1$ | -8.525 0* | 1.527 5 | -5.580 9 | 0.000 1 |
| $x_2$ | 9.582 0* | 1.495 6 | 6.406 7 | 0.000 0 |
| $x_3$ | -0.826 2 | 3.081 6 | -0.268 1 | 0.789 0 |
| $x_4$ | 22.146 5* | 4.076 8 | 5.432 4 | 0.000 0 |
| $x_5$ | 1.770 9* | 0.422 7 | 4.189 5 | 0.000 0 |
| $R^2$ | 0.699 7 | | | |
| $R_{adj}^2$ | 0.690 0 | | | |
| $F$ | 72.233 6 | | | |
| $LogL$ | -368.868 | | | |
| $AIC$ | 749.737 | | | |
| $SC$ | 768.225 | | | |

注：*、**、***分别表示通过 1%、5%、10%水平下的显著性检验。

对未考虑空间因素的模型进行空间依赖性检验，如表 6-12 所示，发现
Moran'I（误差）的检验值为 5.188 6，通过了 1%显著性水平下的检验，而 LM
和 RLM 虽然都通过了 1%显著性水平下的检验，但 R-LM 的检测值为 73.042
5，通过了 1%显著性水平下的检验，而 R-LM 的检测值为 1.785 5，未能通过
10%显著性水平下的检验，因此可以判断出空间滞后模型（SLM）是更为合适
的模型，应将空间因素纳入空间滞后模型进行变量的参数估计。

表 6-12                                模型的空间依赖性检验

| 空间依赖性检验 | Ml/DF | 检测值 | 概率 P |
|--------------|-------|--------|--------|
| Moran'I | 0.238 1 | 5.188 6 | 0.000 0 |
| LM | 1 | 93.728 1 | 0.000 0 |
| RLM | 1 | 73.042 5 | 0.000 0 |
| LM | 1 | 22.471 1 | 0.000 0 |
| RLM | 1 | 1.785 5 | 0.181 5 |

加入空间因素对模型进行最大似然估计，模型的拟合优度有了显著提高，
从 0.699 7 提高到 0.875 2，AIC 和 SC 值分别为 627.508、649.078，都有较大
幅度的下降，如表 6-13 所示，说明了用空间滞后模型（SLM）解释该模型是
合适的。

表 6-13 空间滞后模型（SLM）最大似然估计

| | 系数 β | t 值 | P 值 |
|---|---|---|---|
| $C$ | −0.150 9 | −0.463 9 | 0.642 7 |
| $x_1$ | −5.203 4* | −5.168 9 | 0.000 0 |
| $x_2$ | 4.618 1* | 4.697 0 | 0.000 0 |
| $x_3$ | 6.930 9* | 3.494 0 | 0.000 5 |
| $x_4$ | 15.091 1* | 5.761 4 | 0.000 0 |
| $x_5$ | 0.579 1** | 2.097 5 | 0.035 9 |
| W_Y | 0.653 6* | 16.277 4 | 0.000 0 |
| $R^2$ | | 0.875 2 | |
| LogL | | −306.754 | |
| AIC | | 627.508 | |
| SC | | 649.078 | |

注：*、**、***分别表示通过 1%、5%、10%水平下的显著性检验。

### 6.3.6 对四川城镇空间规模影响因素空间滞后模型的解读

加入空间因素的空间滞后模型最大似然估计方法的参数估计结果表明，$W\_Y$ 的系数为 0.653 6，通过了 1%显著性水平下的检验，说明四川城镇空间规模具有较强的空间集聚性，空间依赖和空间溢出效应显著。交通网络条件 $x_1$ 对四川城镇空间规模影响系数为 −5.203 4，且通过了 1%显著性水平下的检验，说明城镇发展水平较高的地区对周边城镇有着较强的"极化效应"，而这种效应是通过交通网络的便捷性和运输成本的降低实现的，Fujita（1999）等认为的，运输成本的逐渐降低将会导致"扩散—集中—再扩散"模式的出现，区域间向心力和离心力的改变将受到运输成本降低和交通通达性提高的影响，进而影响城镇空间结构①。社会福利水平 $x_2$ 对四川城镇空间规模的扩张具有正向作用，其系数为 4.618 1，且通过了 1%显著性水平下的检验，说明城镇福利水平能够充分调动劳动者的积极性，能够通过提高劳动效率和资源配置效率的方式促进城镇空间规模扩张。城乡差距 $x_3$ 对四川城镇空间规模有着正向作用，其系数为 6.930 9，且通过了 1%显著性水平下的检验，说明城镇对农村剩余劳动力的吸纳是推进城镇空间规模的重要手段。政府投资 $x_4$ 对四川城镇空间规模扩张有着正向作用，其系数为 15.091 1，通过了 1%显著性水平下的检验，且相对

---

① FUJITA M, KRUGMAN P, VENABLE A J. The spatial economy: cities, regions, and international trade [M]. Cambridge: MIT Press. 1999: 17−68.

于其他四个指标来讲，其系数最大，说明了政府投资作为城镇空间规模推进的重要力量，对城镇空间规模的扩张起着核心和导向作用。城镇空间联系 $x_5$ 对四川城镇空间规模扩张有着正向作用，其系数为 0.579 1，且通过了 1% 显著性水平下的检验，说明城镇空间联系主要表现为暂时性和局部性特征，对城镇空间规模的扩张的作用还较小，需要通过加强城镇空间联系，以提高城镇群内部的资源配置效率，从而推进城镇空间规模有序扩张。

综上所述，政府投资对城镇空间规模的影响效应最明显，应该通过理顺政府作用机制，充分发挥政府投资的引导与示范效应，促进关联投资和引致投资的增加，促进城镇空间规模结构升级。加强城镇空间联系，创造有利条件，促进资源要素向欠发达城镇地区的"回流效应"发挥作用，通过城镇产业合理布局和城镇空间结构优化调整，打破城镇福利水平的体制机制障碍，推进城镇空间规模合理发展。应通过交通基础设施投资的示范效应促进城镇资源要素优化配置，并通过投入运营后的交通网络增强城镇可达性，增强城镇的通行和运输能力，降低运输成本，形成交通对城镇群内部和城镇群之间的正向空间溢出效应①。

# 6.4　本章小结

本章是全书的重点和核心部分，首先以城镇空间引力模型为基础，应用 Mapinfo10.0 软件分析了城镇空间密度的整体格局，得出四川城镇空间密度分布的类型和特征，明确了四川城镇空间集聚呈现"一核多极"模式，城镇间的集聚差异不仅表现为城镇群的内部差异，也表现为城镇群之间的差异，在各区县 62.5 千米和 125 千米半径范围内的场强值逐步减小，集聚值也逐步减小。接下来，本书通过单项指标和复合指标的综合利用，构建起了四川城镇空间结构优化的指标评价体系，应用熵技术修正下的功效函数与协调函数进行分析后，发现四川城镇空间结构正处于低度协调阶段，在中度失调变为弱度协调的过程中，城镇空间优化所涉及的各个指标之间存在正向溢出效应，而随着优化指标由弱度协调向低度协调推进，其速度开始降低。最后，利用空间滞后模型

---

① BANISTER D, BERECHMAN J. Transport investment and economic development [M]. London: UCL Press, 2000: 29-187.

分析，发现四川城镇空间规模存在明显的空间依赖性和空间溢出效应，需要充分发挥政府投资在城镇空间结构优化过程中的引导与示范作用，促进城镇空间结构优化调整。本章的实证分析是对前文四川城镇空间结构现实格局、特征等问题的进一步定量分析，其分析方法和工具将更为科学、合理，能够为本书探讨四川城镇空间结构优化的机制和政策措施提供支撑和参考。

# 7 四川城镇空间结构优化运行机制分析和主要问题

对四川城镇空间结构优化运行机制的分析是基于前文研究机制的内涵和主要要素,通过对政府作用机制、市场配置资源机制和社会公众协调机制的总体把握和分析,将政府作用机制最重要的政策引导与规划控制机制、政府投资与示范机制、政府协调与控制机制与客观现实进行对比分析,可以发现阻碍政府作用机制发挥作用的原因,以便后文针对具体问题提出相应的对策。对市场配置资源机制最重要的价格调节机制、产业集聚与扩散机制、要素空间集聚与扩散机制进行客观分析,有利于进一步认识市场配置资源机制的作用和传导路径,提炼出影响市场配置资源机制存在的客观问题。将社会公众协调机制最重要的公众参与机制与社会组织机制进行分析,有利于明确阻碍社会公众协调机制的客观问题,为后文的对策建议做好铺垫。另外,在前文研究四川城镇空间结构现实格局的类型、评价结果与影响因素的基础上,总结出四川城镇空间结构运行本身存在的主要问题。

## 7.1 四川城镇空间结构优化中的政府作用机制分析

### 7.1.1 政策引导与规划控制机制

城镇空间是社会经济发展和城镇化健康推进的物质载体,城镇空间结构优化既是城镇化发展的客观要求,又是城镇化发展的必要条件。通过政策的有效推动和引导,能够促进城镇空间合理化、城镇空间规模和功能协调化、城镇空间形态多样化,最终促进城镇空间结构优化发展。城镇空间结构优化需要政策引导与推动,四川省的历届工作会议和规划报告中多次提到要优化城镇空间格局,推动城镇化健康发展。2011 年 12 月 31 日,《四川省"十二五"城镇化发展规划》获得省政府同意，初步建立了以"一核、四群、五带"为骨架的城镇空间布局结构，按照城镇发展定位和区域城镇在产业、物流、贸易等方面的分工协作与功能互补，合理确定城镇建设的空间形态与功能结构，增强规划的空间引导和统筹调控效能，强化成都都市圈发展极核，壮大四大城镇群，培育五条城镇经济发展带，引导人口向适宜地区集聚，构建大中小城市和小城镇协调发展的格局。

2013年3月29日，四川省"十二五"重点小城镇发展规划，强调小城镇是城镇化最基层单元，是城市与农村的过渡地带，是连接城市和农村的桥梁，是城市与乡村之间生产要素流动的重要通道，是辐射带动乡村地区经济和社会发展的核心，小城镇的发展肩负着缩小城乡二元结构的重任，在推动新型城镇化和统筹城乡发展进程中具有重要作用。规划将100个城镇分为工业型重点镇、商贸型小城镇、商贸型重点镇，如表7-1所示，通过规划的推动和引导，将有利于集约利用土地，增强对城镇空间的指导和约束，促进城镇空间规模合理增长和空间功能相互衔接和相互促进。

表7-1　　　　　　四川省重点小城镇发展规划详细名单

|  | 工业型重点镇 | 商贸型重点城镇 | 旅游型重点镇 |
|---|---|---|---|
| 成都市 | 新都区新繁镇、彭州市隆丰镇、都江堰市蒲阳镇、邛崃市羊安镇、崇州市羊马镇、龙泉驿区西河镇、金堂县淮口镇、郫都区安德镇、大邑县王泗镇、新津县普兴镇 | 蒲江县寿安镇、新津县花源镇、彭州市濛阳镇、新都区木兰镇 | 龙泉驿区洛带镇、大邑县安仁镇、彭州市白鹿镇、大邑县花水湾镇、双流区黄龙溪镇、崇州市街子镇、邛崃市平乐镇、都江堰青城山镇 |
| 自贡市 |  | 贡井区成佳镇、荣县长山镇、富顺县赵化镇、富顺县代寺镇、大安区牛佛镇 | 盐边县红格镇 |
| 攀枝花 | 仁和区金江镇、米易县白马镇 |  |  |
| 泸州市 | 古蔺县二郎镇、泸县玄滩镇 | 合江县九支镇、泸县嘉明镇、泸县立石镇、龙马潭区石洞镇、纳溪区护国镇 | 合江县福宝镇 |
| 德阳市 | 罗江县金山镇、广汉市向阳镇 | 中江县仓山镇、旌阳区黄许镇、什邡市师古镇、罗江县万安镇 | 绵竹市汉旺镇 |

表 7-1（续）

| | 工业型重点镇 | 商贸型重点城镇 | 旅游型重点镇 |
|---|---|---|---|
| 绵阳市 | 江油市武都镇 | 江油市青莲镇、三台县芦溪镇、安县秀水镇、梓潼县许州镇 | 安县桑枣镇 |
| 广元市 | 旺苍县嘉川镇、青川县竹园镇 | 剑阁县普安镇 | 剑阁县剑门关镇 |
| 遂宁市 | 射洪县沱牌镇 | 蓬溪县蓬南镇、射洪县金华镇、大英县隆盛镇 | |
| 内江市 | 威远县连界镇、资中县银山镇 | 资中县球溪镇、威远县镇西镇、隆昌市黄家镇、东兴区郭北镇 | |
| 乐山市 | 犍为县石溪镇 | 峨眉山市桂花桥镇、峨眉山市九里镇、五通桥区金粟镇 | 犍为县罗城镇 |
| 南充市 | 南部县定水镇 | 营山县回龙镇、仪陇县马鞍镇、仪陇县金城镇、南部县建兴镇、南部县伏虎镇 | 阆中市老观镇 |
| 眉山市 | 彭山区青龙镇 | 东坡区思濛镇、彭山区谢家镇、仁寿县汪洋镇、仁寿县富加镇、仁寿县兴盛镇 | 仁寿县黑龙滩镇、洪雅县柳江镇 |
| 宜宾市 | 高县月江镇 | 宜宾县白花镇、宜宾县观音镇、南溪区罗龙镇、江安县水清镇、江安县红桥镇 | 长宁县竹海镇、翠屏区李庄镇 |
| 广安市 | | 邻水县丰禾镇、岳池县罗渡镇、岳池县石垭镇、华蓥市溪口镇、武胜县烈面镇、广安区花桥镇 | 广安区协兴镇 |
| 达州市 | 宣汉县普光镇、大竹县石河镇 | 开江县任市镇、渠县三汇镇、渠县临巴镇、大竹县庙坝镇、大竹县石桥铺镇、宣汉县南坝镇、宣汉县胡家镇、达县麻柳镇、达县石桥镇 | |

表7-1(续)

| | 工业型重点镇 | 商贸型重点城镇 | 旅游型重点镇 |
|---|---|---|---|
| 雅安市 | | 汉源县九襄镇、天全县始阳镇 | 雨城区上里镇 |
| 巴中市 | | 巴州区玉山镇、巴州区清江镇 | 通江县诺水河镇、南江县光雾山镇 |
| 资阳市 | 简阳市养马镇 | 简阳市贾家镇、安岳县龙台镇、安岳县石羊镇 | 简阳市三岔镇 |
| 阿坝州 | | | 九寨沟县漳扎镇、汶川县水磨镇、汶川县映秀镇、汶川县卧龙镇、理县古尔沟镇、茂县叠溪镇、松潘县川主寺镇、小金县日隆镇 |
| 甘孜州 | | | 稻城县香格里拉镇、泸定县磨西镇、康定市新都桥镇 |
| 凉山州 | | 西昌市安宁镇、西昌市马道镇、西昌市礼州镇 | 西昌市安哈镇、盐源县泸沽湖镇、冕宁县泸沽镇 |

资料来源:根据2013年《四川省"十二五"重点小城镇发展规划》整理所得。

　　2013年12月,四川省委经济工作暨城镇化工作会议在成都召开,根据中央城镇化工作会议精神,阐述了推进城镇化健康发展的主要预期目标和政策导向,对城镇化工作的总体要求、主要任务和重点问题做出了政策部署。围绕提升城镇化质量,推进以人为核心的城镇化,要求建立适宜的城镇空间形态,推进产城共融和城镇一体化发展。通过政策的引导和推动,必将逐步优化城镇空间布局,适当控制特大城市和大城市空间规模,加快中小城市、县城和一批具有特色的小城镇发展,推进工业型重点镇、商贸型重点城镇和旅游型重点镇的发展,通过"以点带面"的形式推动城镇空间结构优化配置。

　　然而,应该客观地看到:一方面,政策推动与规划控制机制的传递与发挥作用具有一定的滞后性和层级性,尤其是在抵触型和外推型行政管理体制下①,省政府下达的各项有利于城镇空间结构优化布局的政策措施受到市级和

---

① 傅小随.地区发展竞争背景下的地方行政管理体制改革 [J].管理世界,2003(2):38-47.

县级行政机构设置和行政效率的影响，在政策的把握和实施过程中容易出现偏差，最终影响到决策科学性、针对性和时效性；另一方面，由于四川省建制城镇共计 1 831 座，且 1 万人以上的小城镇仅有 294 座，3 万人以上的小城镇有 93 座，存在城镇规模小、缺乏发展动力的问题。且从城镇空间分布来看，成都平原地区共 777 个小城镇，占全省小城镇总数的 43%，川南地区共有 351 个小城镇，占全省小城镇总数的 19%，川东北地区共 518 个小城镇，占全省小城镇总数的 29%，攀西地区共 117 个小城镇，占全省小城镇总数的 6%，川西北地区共 58 个小城镇，占全省小城镇的 3%，存在地区城镇空间密度差距较大、城镇空间分布不均和城镇发展失衡的问题，政策制定的相对统一性与城镇发展的多样性存在矛盾，政策的引导与规划控制机制作用未必能达到预期的效果，很难解决所有城镇空间发展面临的问题。政府规划的保税区、综合改革实验区、经济技术开发区等，客观上需要进行土地整理和城镇空间规模、功能的调整，而这个过程本身是一个复杂的过程，涉及城镇居民的核心利益，因此客观上阻碍了政策引导和规划控制机制发挥作用。

### 7.1.2 政府投资与示范机制

城镇空间结构优化和城镇基础设施建设是通过政府投资及政府投资的示范效应而带动起来的引致投资共同作用的结果，城镇发展、城镇空间规模的扩大以及城镇功能的完善需全社会固定资产投资的推动。四川省固定资产投资总额近 8 年来增加了 6 倍多，从 2004 年的 2 818 亿元增加到 2012 年的 17 039 亿元，与此同时，城镇固定资产投资增加了 7 倍，从 2004 年的 2 322 亿元增加到了 2012 年的 16 530 亿元，城镇固定资产投资占全社会固定资产投资的比重也由 2004 年的 82% 增加到了 97%，城镇固定资产的增加保证了城镇基础设施、产业和其他各项社会经济活动的有序进行。按用途划分的城镇固定资产投资主要集中在新建项目上，2012 年四川省新建项目的固定资产投资占总投资的比重达 67%，推动了城镇空间规模的持续扩大和城镇空间形态的改变。按来源划分的固定资产投资的具体情况为：2012 年四川省政府预算内投资为 1 685 亿元，通过贷款和自筹类的投资合计为 13 712 亿元，是政府投资的 8 倍，可以粗略估计政府投资的乘数为 8，如表 7-2 所示。

表 7-2　　　　　　　　　城镇固定资产投资总体情况　　　　　单位：万元

| 年份 | 按用途分的城镇固定资产投资 | | | | 按来源分的固定资产投资 | | | | | |
|---|---|---|---|---|---|---|---|---|---|---|
| | 新建 | 扩建 | 改建 | 合计 | 预算 | 贷款 | 外资 | 自筹 | 其他 | 合计 |
| 2004 年 | 943 | 493 | 299 | 2 323 | 93 | 530 | 43 | 1 742 | 473 | 2 880 |
| 2005 年 | 1 292 | 507 | 377 | 2 992 | 136 | 533 | 60 | 2 383 | 560 | 3 671 |
| 2006 年 | 1 792 | 584 | 468 | 3 927 | 151 | 785 | 80 | 2 976 | 787 | 4 778 |
| 2007 年 | 2 405 | 562 | 581 | 5 043 | 149 | 1 032 | 85 | 3 670 | 1 136 | 6 072 |
| 2008 年 | 3 213 | 637 | 812 | 6 362 | 217 | 1 204 | 100 | 4 673 | 1 125 | 7 318 |
| 2009 年 | 4 804 | 871 | 1 266 | 9 090 | 1 002 | 1 791 | 50 | 6 966 | 2 488 | 12 297 |
| 2010 年 | 5 947 | 865 | 1 547 | 11 061 | 1 398 | 2 411 | 100 | 8 471 | 2 561 | 14 942 |
| 2011 年 | 7 201 | 1 128 | 2 006 | 13 688 | 1 014 | 2 068 | 127 | 9 490 | 2 521 | 15 220 |
| 2012 年 | 11 151 | 1 445 | 3 463 | 16 530 | 1 685 | 2 073 | 41 | 11 639 | 2 766 | 18 204 |

资料来源：根据中经网络统计数据库整理所得。

通过政府的政策和资金支持能够吸引相当于自身 8 倍的引致投资，从而推动城镇空间规模和形态的改变，由于投资是衡量了区域因素、产出因素和交通成本等综合因素的结果，因此城镇固定资产投资客观上起到了优化城镇空间结构的作用。

政府的投资与示范机制能够在政府投资的推动下通过示范和示范效应带动引致投资和关联投资的增加，从而筹集城镇各项建设所需的各项资金。然而，总体上来讲，四川省政府投资与示范机制存在投资总量的相对不足和投资结构不均衡两大弊端，制约了城镇发展水平和综合实力的提升。一方面，2012 年，四川省的城镇固定资产投资总额仅占山东省的 55%，占江苏省的 54%，占辽宁省的 76%，继续推进城镇固定资产投资主体的多元化、投资形式的创新和投资收益的增加是制约政府投资与示范机制发挥作用的关键因素。另一方面，政府投资的示范效应还有进一步优化和提升的空间，粗略地估计，2012 年，四川省的投资乘数为 9 倍，而辽宁省的投资乘数为 20 倍，山东的投资乘数为 44 倍，江苏省的投资乘数为 69 倍，四川政府的投资和示范机制未能充分发挥作用，主要受投资环境影响，包括区位条件、资源条件、交通网络、基础设施以及城镇要素保障等因素，因此需要优化城镇空间，通过提升产业产出效率，促进城镇功能的分工与协作，促进城镇合理规模，完善城镇交通网路等，以达到城镇投资环境的优化，最终推动新型城镇化建设和城镇综合承载能力的提高。

### 7.1.3 政府协调与控制机制

城镇空间结构优化是一个复杂的社会经济进程，在资金、技术和要素稀缺的约束条件下，必然出现城镇间的空间竞争和地区冲突，需要政府通过协调机制有效地调节要素与资源的空间流动，最终达到资源要素在城镇空间的合理流动。政府对城镇空间结构优化的协调机制主要包括两个维度，即政府与政府间的磋商与合作、政府与企业间的沟通与协调。首先，政府间的沟通与协调机制对地区间空间竞争和地区冲突有着重要的影响，重要的原因在于地方官员"一把手"效应对经济和城镇空间结构发展具有重大影响①，其根源在于官员的政绩考核体系。在国家主体功能区划推出以后，四川省政府于2013年5月17日推出了《四川省主体功能区规划》，从根本上对"唯GDP论英雄"的传统官员进行考核，推行了多层次、多元化的官员考核体系，优化开发区的官员主要强化对经济结构、资源消耗、环境保护、科技创新、外来人口、公共服务等指标的评价，以优化对经济增长速度的考核；对于重点开发区域，将综合考核经济增长、吸纳人口、产业结构、资源消耗、环境保护等方面的指标；对于限制开发区域，主要强化对其农业综合生产能力的考核；对于禁止开发的区域，主要强化对其自然文化资源的原真性和完整性保护的考核。官员考核体系的改革，在制度设计层面上，减缓了城镇空间的激烈竞争，同时也将会提高政府间磋商合作的效率和可操作性。其次，四川正加强政府与企业的信息沟通和协调，通过实地调研、网站服务和专题报告等多种形式，增强政府对企业和市场的把握能力，通过对企业面临的环境和市场的分析，增强政府协调机制对城镇空间结构优化的影响，通过政策措施引导企业技术改造以提高城镇综合承载能力，通过政策引导产业转移，调节城镇空间密度，进而影响城镇空间功能和规模。

然而，政府协调机制对城镇空间结构优化的作用是有限的，一是经济增长依然是城镇空间规模扩大和城镇功能升级的主要手段和渠道，依然是产业结构调整、城乡一体化进程加快和城乡公共服务均衡发展的基础和保障，因此在短期内难以改变对GDP的盲目追求，官员的晋升锦标赛和城镇竞争和冲突在短期内将继续存在。二是从四川所处的经济发展阶段和城镇发展阶段的差距来讲，政府的政策、规划和投资由于信息不对称和对市场发展环境的持续变化，

---

① 王贤彬，徐现祥. 地方官员更替与经济增长 [J]. 经济学（季刊），2009，8（4）：1301-1328.

难以真正推动企业发展，制约了产业发展与企业经营对地区城镇空间发展的贡献。三是决策主体的多元化影响了城镇空间结构布局的整体性和持续性，影响了城镇功能的衔接和城镇网络的形成，甚至出现部门之间规划的矛盾，使得城镇空间摩擦和空间冲突严重，最终影响城镇间的资金、技术和信息交流。因此，在现有发展环境下，政府协调与控制机制对城镇空间结构尚未理顺，协调与控制机制在一定程度上是对政府投资与政策缺位时的调控和弥补。

## 7.2　城镇空间结构优化中的市场配置资源机制分析

### 7.2.1　价格调节机制

价格调节机制是市场经济的基本运行机制，通过价格的升降来调节商品和要素的供给和需求量，最终达到市场出清状态。四川省城镇空间结构优化需要依靠市场配置资源机制，其中最根本的机制是价格调节机制，通过土地市场和房地产市场价格的涨跌，使城镇空间运行主体自觉调整生产和生活秩序，最终达到城镇空间规模的动态平衡，促进城镇空间实现合理分工。

四川省行政空间范围内，2012 年的商品房销售均价为 5 109 元，房价在市场价格调节机制的作用下呈现波动，通过调节房价能够促使资金、劳动力等要素在不同的城镇之间或者同一个城镇的不同空间范围之间流动，从而形成一定的城镇功能分区。如表 7-3 所示，成都的房价最高，资阳的房价相对最低。从理论上讲，高房价的地区在一般情况下是城镇空间要素的流入地区，对周边地区经济增长有着很强的极化效应，在城镇空间结构优化和城镇功能分工与协作过程中起着主导作用。其他区域需要加大与成都市的合作力度，逐步挖掘自身在整个城镇系统中的功能，并通过与周边城镇的物质能量交流，最终实现自身城镇空间结构的优化调整。

表 7-3　　　　　　　　2012 年四川省房价与外来人口情况

| | 地区 | 销售面积<br>（万平方米） | 销售金额<br>（亿元） | 销售均价<br>（元） | 外来人口<br>（万人） |
|---|---|---|---|---|---|
| 1 | 成都市 | 2 140.13 | 1 433.02 | 6 696 | 469.74 |
| 2 | 凉山州 | 20.45 | 12.61 | 6 166 | 60.39 |
| 3 | 乐山市 | 149.22 | 63.87 | 4 280 | 42.15 |

表7-3(续)

| | 地区 | 销售面积<br>(万平方米) | 销售金额<br>(亿元) | 销售均价<br>(元) | 外来人口<br>(万人) |
|---|---|---|---|---|---|
| 4 | 绵阳市 | 244.33 | 103.6 | 4 240 | 70.34 |
| 5 | 雅安市 | 37.9 | 15.97 | 4 214 | 16.72 |
| 6 | 攀枝花 | 73.99 | 30.19 | 4 080 | 32.09 |
| 7 | 德阳市 | 155.7 | 61.14 | 3 927 | 46.53 |
| 8 | 遂宁市 | 135.82 | 52.87 | 3 893 | 25.87 |
| 9 | 眉山市 | 147.37 | 56.83 | 3 856 | 31.44 |
| 10 | 南充市 | 226.18 | 87.18 | 3 854 | 54.87 |
| 11 | 宜宾市 | 207.17 | 79.72 | 3 848 | 46.28 |
| 12 | 自贡市 | 141.48 | 53.8 | 3 803 | 27.49 |
| 13 | 广元市 | 54.39 | 20.68 | 3 802 | 27.48 |
| 14 | 达州市 | 153.19 | 56.95 | 3 718 | 53.01 |
| 15 | 内江市 | 176.65 | 62.66 | 3 547 | 26.79 |
| 16 | 广安市 | 139.04 | 49.06 | 3 528 | 23.59 |
| 17 | 阿坝州 | 2.88 | 1.01 | 3 507 | 11.39 |
| 18 | 甘孜州 | 3.46 | 1.18 | 3 410 | 13.81 |
| 19 | 泸州市 | 187.79 | 63.84 | 3 400 | 42.57 |
| 20 | 巴中市 | 81.16 | 25.86 | 3 186 | 23.13 |
| 21 | 资阳市 | 228.98 | 72.89 | 3 183 | 27.83 |

资料来源：根据《2013年四川省统计年鉴》整理所得。

　　房价是决定居民空间居住和空间要素流动的重要指标，而土地价格则是决定企业生产经营决策、调节产业空间布局的重要杠杆。短期而言，房价对地价没有影响，地价是导致房价上涨的主要原因，而从长期来说，房价和地价存在双向因果关系[①]，房价与地价的相互关系和相互作用是城镇空间结构优化的重要杠杆。然而，价格调节机制在推进四川城镇空间结构优化过程中存在一些问题：一是信息公开制度不健全，导致土地价格形成的招投标过程中存在暗箱操作和寻租行

---

① 宋勃，高波. 房价与地价关系的因果检验：1998—2006 [J]. 当代经济科学，2007 (1)：73 -77.

为，产生了腐败现象，影响了政府公信力，导致房价提高，产生负面效应，不利于经济正常运行和城镇建设。二是土地产权流转制度不健全，拆迁补偿存在较大的利益纷争，客观上不利于城镇用地规模的扩张，进而阻碍了城镇空间规模的增加和城镇空间形态的优化。因此，需要通过健全价格运行的体制机制，运用土地和房地产价格的调节机制，优化四川城镇空间结构。

### 7.2.2　产业集聚与扩散机制

承接产业转移是四川城镇空间结构优化的主要动力之一，加强"产城融合、产城一体"的发展战略，牢牢把握主导性、基础性、带动性和具有风向标价值的行业企业是四川落实工业化、城镇化、信息化和农业现代化的有效途径。通过创新承接产业转移的模式，可以进一步挖掘地区资源禀赋优势，为城镇空间结构优化调整提供源源不断的动力支持。2011年6月10日，四川省政府颁布《关于承接产业转移的实施意见》，提出围绕"7+3"产业和战略性新兴产业，重点发展电子信息、生物、航天航空、现代中药等高新技术产业，汽车等先进制造业，油气化工产业等能源矿产开发和加工业，现代物流业、商贸流通业等现代服务业，纺织服装业、皮革产业等劳动密集型产业。同时，为了提高城镇空间功能的分工与协作效率，提出需要为四川城镇的"一核四群五带"注入新的产业动力，以充分发挥产业集聚作用，带动关联产业和配套产业发展，最终为城镇发展注入新的动力。川南城镇群主要承接制造业、能源化工业、农产品加工业、新材料产业、节能环保产业和现代服务业，打造全省经济增长的"第二增长极"。川东北城镇群要结合自身油气资源优势，发展清洁能源、石油天然气化工、农产品加工和特色农业，构建全省乃至全国的新兴产业增长带。攀西城镇群需要在自身钒钛产业发展的基础上，承接钒钛、稀土、水电、特色农业、生态旅游等产业，建设成为具有竞争优势的攀西战略资源创新开发试验区。川西北城镇带则需要承接清洁能源、生态文化旅游、生态农业和特殊畜牧业，建设特色鲜明、绿色环保的产业体系。在一系列的政策推动下，四川承接的电子信息产业已形成了相当规模，主营业务收入从1 200多亿元增至3 400多亿元，增加了2 200亿元，四川省通过"垂直整合、立体打造产业高端集群"，形成了以成都和绵阳为主体的产业大基地，初步形成了包括集成电路、软件研发、终端制造环节、新型显示与数字视听、移动互联网应用的完整电子信息产业链，带动了德阳、乐山、眉山、资阳、遂宁、南充、内江等地的电子信息产业发展，形成了以成都为中心的电子信息产业配套圈。

产业的集聚与扩散机制是推动四川城镇空间结构优化的重要机制，也是促进城镇空间发展和完善城镇功能的有效手段，然而四川产业集聚与扩散机制存在以下不足：第一，一些地方过分看重生产总值、税收等短期经济指标，承接了一些高消耗、高污染的落后产业项目，对生态环境造成了很大的负担，阻碍了城镇与产业的可持续发展，背离了绿色经济和循环经济的发展理念。第二，产业集聚机制发挥的作用明显大于产业扩散发挥的作用，未能通过产业集聚和扩散机制的动态平衡路径推动城镇空间结构优化，城镇之间存在产业同构和低水平重复建设的现象，导致城镇空间竞争激烈和资源浪费。加上一些地方对能够创造较多税收的企业给予特殊优惠，而对其他企业则在政府服务等方面存在明显缺位，没有营造公平的发展环境，不利于产业链的延长和大中小型企业的集聚发展。第三，重视制造业、高新技术产业和战略新兴产业的发展，过分重视工业发展，挤占了现代服务业的生存发展空间，阻碍了现代服务业发展，与实体经济脱节，不能为产业的集聚发展提供支持，也不能服务于产业扩散，从而难以形成大中小城镇协调发展的城镇空间格局。

### 7.2.3　要素空间集聚与扩散机制

城乡要素的自由流动是保障要素空间集聚与扩散的根本前提，通过要素的流动，既能够实现农村剩余劳动力的有效转移，促进城镇发展，又能为城镇空间规模的扩张提供大量的土地资源。而要素的集聚与扩散的关键在于农村土地所有权与经营权的分离，通过建立健全土地流转体制，促进生产要素在城乡间的自由流动，促进公共资源在城乡之间的均衡配置，构建城镇经济社会一体化发展的新型城镇空间形态。作为全国统筹城乡综合配套改革试验区的成都，通过"确实权、颁铁证"的方式逐步建立健全归属清晰、权责明确、保护严格、流转顺畅的现代农村产权制度，坚持"促进城乡要素自由流动"，着力打破阻碍要素流动的制度。德阳的户籍制度改革也十分有特色，在充分考虑地方经济社会发展水平和城市综合承载能力的前提下，积极稳妥地推进户籍管理制度改革，逐步打通更多进入城镇户籍的通道。攀枝花提出推进农民工有序进城入户，享受城乡一体的政策制度，对进城入户的农民工，由政府、企业和个人三方承担公共服务费用。通过体制机制改革，逐步促进农村剩余劳动力和土地两大关键要素自由流动，在户籍制度改革的过程中，重点要改革社会公共服务与户籍挂钩的制度，实现城乡居民在劳动就业、基础教育、公共卫生、社会养老、住房保障等方面的权益共享，有效地解决所谓的"半城镇化"问题。在土地改革的过程中，要把握全局，通过市场化的手段实施土地综合整治，坚持因地制宜，不是让农村全部变为城镇，而是要让现代文明向农村及小城镇辐射，经营和发展特色小城镇，保持小城镇的发展特色和优势。然而，也应该看到，农村剩余劳动力转移和土地流转问题是统筹城乡发展的核心和根本问题，其面临的复杂性和任务的艰巨性是长期存在的，要素集聚与扩散机制很大程度上受到户籍制度和土地流转制度的束缚，制约着四川城镇空间规模和形态的发展。一方面，要看到农村产权制度改革、户籍制度改革同农村金融服务体制、农村产权纠纷调处体制等有着紧密的联系，它们构成了一个综合的政策体系，需要其他配套政策共同作用才能促进土地与劳动力的自由流动，而制度建设和完善是一个漫长的过程，因此，短期内通过要素集聚与扩散机制推动四川城镇空间结构的优化发展的效应未必显著；另一方面，除土地以外的资金、劳动力和技术等要素通过等级扩散和跳跃式扩散促进中小城镇空间优化发展，需要具备良好的交通网络、产业基础等配套环境作为实现要素收益的保障，需要依靠政策引导、产业转移、产业集聚等实现城镇空间结构优化调整，因此要素空间集聚与扩散机制还需要通过产业集聚与扩散机制、政策引导与规划控制机制等发挥作用。

## 7.3 城镇空间结构优化中的社会协调机制分析

### 7.3.1 公众参与机制

公众参与机制是城镇空间规划和政策制定科学性、合理性和可行性的重要保障，城镇空间结构优化不仅涉及财产、土地等核心利益问题，还涉及自然、环境和生态等与公众切身利益息息相关的问题，因此需要保障公众的知情权、监督权和决策权，发挥社会媒体的监督和导向作用，促进城镇空间向着健康、有序、高效的方向发展。四川省以交通、信息通信等经济层面的实体系统和法律制度、规章条例等制度系统为基础，提高公众参与城镇规划建设和重大项目规划的积极性、主动性，保障了城镇规划和城镇功能区划、产业布局等的有效开展。2012 年，四川公路里程达到 29 万多千米，高速公路里程达到了 4 334 千米，有 11 条高速公路在年内已通车，已实现一年增加通车里程 1 000 千米的目标，四川建成和在建的高速公路总里程已达 6 537 千米，排名全国第二，初步形成了西部交通枢纽，且交通投资不断增加，交通路网建设将会更加完善，大大降低了社会经济活动的物流成本和时间成本，为公众参与各方面事业建设提供了有效保障。随着现代信息通信技术和互联网技术的普及和推进，政府通过传统的信访机制和当前的互联网、微博、微信等多种创新形式结合的方式，提高了自身处理应急问题的能力和效率。同时，开通了电话、网站、微信等多种渠道，为公众合理表达自身意见提供了方便，促进了公众参与政府决策，减轻了政府行政的压力和阻力，提高了城镇规划建设的决策水平和效率。在规章制度方面，2011年9月29日通过的《四川省城乡规划条例》要求城乡规划委员会由人民政府及其相关职能部门代表、专家和公众代表组成，明确了公众行使决策权，且规定省域城镇规划、州域城镇规划，城市、镇总体规划的组织编制机关应当对规划的实施情况至少每五年进行一次评估，采取论证会、听证会或者其他方式征求公众意见，确定了公众参与机制对城镇空间结构调整的作用。在公众意识方面，随着收入水平的逐步提高，公众越来越关心生态环境、居住空间、城镇空间布局等问题，通过对公众意识的合理引导能够产生促进城镇空间结构有序发展的积极力量。

公众参与机制是四川城镇空间结构优化的有效保障，但依然存在诸多不利因素阻碍公众参与机制发挥作用：第一，交通、信息技术是公众参与城镇规划的实体系统和保障，但其仅仅是必要条件，其参与的效率和结果由公众的知识文化水平和公众意识决定，而公众意识则是一个需要长期培养的漫长过程，需要公众媒体和社会舆论正确引导。第二，公众参与城镇规划行使知情权、监督权和决策权，未受到政府的重视，很多地方政府举行的各项听证会都往往是形式重于实质，公众代表的发言或者政策建议不具有广泛的代表性，加上公众缺乏相应的专业素质，其政策建议也往往难以被采纳到城镇规划中。

### 7.3.2　社会组织机制

城镇空间是劳动空间分工叠加起来的多个经济空间的总和，这种空间组织形式容易存在资源禀赋优势和产业优势不匹配的问题，其根源在于政府作用机制和市场配置资源机制的缺位，尤其是长期忽视社会组织机制，导致城镇空间产品市场、要素市场和服务市场分割严重，企业组织结构低度化和产业结构低级化，使得城镇空间布局摩擦加剧、协调不足和非一体化特征明显。四川城镇空间结构优化受生产组织演化进程的影响，社会组织机制经历了缘协调、契约协调的过程，逐步采用以管理协调为核心的社会组织协调方式。社会组织机制主要由三个方面的社会组织形成：一是社会网络组织，它不同于市场组织和层级制的非正式社会组织，是基于血缘关系、亲缘关系、业缘关系、地缘关系等为基础的"缘协调"，社会网络组织不仅是简单的社会组织，还是调动社会资源、获取社会资源，甚至是再分配社会资源的重要手段，对城镇空间结构优化起着双向作用，可能是地方政府规划和城镇空间决策的积极拥护者，也可能对地方政府的空间决策和区域政策起阻碍作用。二是市民社会组织，基于"管理协调"来发挥社会协调机制作用，随着四川社会经济的日益发展，各类大中小城镇都已经形成了经济型社团、公益性社团和互益性社团，前者与政府协调机制相结合，承担着部分行政管理职能，中者则强调社会和公众基本利益，后者实现一定的情感认同和价值认同，后两者的规模和作用日益壮大，将在各级政府区域规划和城镇空间结构调整中起着重要作用。三是虚拟社会组织，在网络通信技术日益发达的今天，加强了人们时间、空间上的联系，以及交流的便利性，这种虚拟组织，在一定程度上可能形成公共的社会认同和社会意识，并对人际关系、社会公益和信息传播起着重要作用。通过虚拟社会组织的运行，既能够反映市场机制作用下城镇空间发展的弊端和障碍，又可以有效地监督政府管理决策的效率，是现代信息技术高度发达的必然要求，对城镇空间结构优化起着积极的作用。

然而，社会协调机制对四川城镇空间结构优化的作用机制仍未理顺，一是社会组织与政府沟通与交流未能形成长效机制，政府未对不同层次和类型的社会组织进行细分，在城镇空间重大规划的布局上，借助了一些相对被动的危机应对和危机处理手段，对社会组织在经济和城镇发展中的作用未能得到应有的肯定。二是媒体与非盈利组织的监督与协调作用，是引导社会网络组织、市民社会组织和虚拟网络社会组织的重要方面，媒体报道具有一定的时效性，对热点问题的跟踪、报道和监督是媒体和非营利组织热衷的，导致城镇空间结构优化的深层问题和深层矛盾被长期忽视。因此充分发挥社会组织机制的作用，还需要一个长期的引导与培育过程，才能解决企业面临的经营问题，能促进企业发挥对城镇空间发展的核心动力作用，并且充分发挥媒体与非营利组织的监督和导向作用，以改善城镇空间布局等问题，最终促进四川构建以特大城市为核心、区域中心城市为支撑、中小城市和重点镇为骨干、小城镇为基础，布局合理、层级清晰、功能完善的现代城镇空间格局。

## 7.4　四川省城镇空间结构优化面临的主要问题

### 7.4.1　城镇分布呈现"单中心"形态，出现"一城独大"的局面

从四川城镇空间发展格局来讲，成都是名副其实的特大城市和中心城市，对周边城镇的集聚效应非常明显，全省城镇分布呈现"单中心"形态；以宝成—成昆铁路为界，省内城镇呈现东多西少的局面。成都平原城镇群具有多层

次交通网路和密集城镇构成的网络状空间特征，而其他城镇群发展明显不足。如表6-2所示，成都场强值达到了20.61，远高于其他市州的场强值，"一城独大"的局面导致四川城镇空间结构差距巨大。一方面，这种差距会对周边地区城镇的资源要素产生"拉力作用"，比如工资的差距会导致劳动力对工作机会和报酬进行比较和选择，会产生劳动力的"候鸟式"流动和"永久性"迁移；资本回报率高的区域会对周边区域的资本和技术产生拉力作用，资本要素的回报率往往不再遵循"边际报酬递减"规律，而是倾向于向配套齐全、信息通畅和金融服务能力强的地区集聚，从而追逐高额回报率。另一方面，这种差距会对落后区域的城镇空间发展产生"推力作用"，迫使周边地区资源、人才、资本等要素再配置，从而提高资源利用效率。城镇空间结构的推力和拉力会随着资源要素的流动产生集聚作用，也就是所谓的"循环累计因果效应"，会产生首位度过大或者"一城独大"的现象，不仅不利于城镇空间结构优化布局，而且在客观上会形成经济和城镇空间发展的梯度，从而导致城镇规模和城镇空间差距扩大。

### 7.4.2 城镇"小而散"的特征明显，缺乏有特色、有竞争力的中小城镇

四川大中小城镇共计1 971个，其中包括32个城市、123个县城和1 816个建制镇，总体呈现出"小而散"的空间结构布局特征，5万人以上的城镇占比很小。城镇空间的公共基础设施配置受到城镇分布体系和空间距离的影响，使得投资成本高、效益低下，未能形成真正意义上的规模经济效应。城镇公共基础设施、城镇内部的道路交通条件和城镇间联系的交通网络条件滞后，会严重影响城镇功能和城镇品位的提升，从而难以使具有整体竞争力和一定特色的城镇群出现。另外，城镇功能定位模糊，未能真正结合地方的资源禀赋优势，形成特色鲜明的城镇发展路径，使得城镇产业发展、人口流动和土地利用相互之间的落实与衔接不协调等问题产生。城镇空间扩张模式和进程主要受到地方政府意识主导，在财政分权的制度安排下，地方政府有足够的动力将辖区内的土地资源变现①，通过土地的开发和土地使用性质的改变，采取"土地财政"的手段弥补财政支出。这也造成了城镇空间扩张进程中地方政府倾向于向周边区域扩张，关注新区拓展，忽视了对老城区特有文化、习俗和传统的保护和挖掘，导致城镇空间拓展存在"单一性"与"同质性"的双重特征，而缺乏有特色资源、有文化内涵和有历史传承的中小城镇。

---

① 吴群，李永乐. 财政分权、地方政府竞争与土地财政 [J]. 2010 (7)：51-59.

### 7.4.3 城镇空间结构协调度低，城镇之间的协调机制未能建立

城镇空间功能结构低度协调是四川城镇空间结构布局的关键和核心问题之一。一方面，按照克里斯塔勒（Christaller）的观点，城镇数量按照行政区划原则应满足 $K=7$ 的系统，即高级别行政中心管理 6 个低级别行政中心，其等级序列是 1，7，49，343……。但是，不能仅仅用国外的理论来检验四川城镇发展的实际情况，具体来讲，$K=7$ 应该是值得商榷的数值。然而，为了方便城镇行政管理和城镇空间物质能量交流，高级别的行政中心应该是低级别行政中心的一定倍数，才能形成城镇空间功能结构的合理分工。然而，四川大中小城镇数量所排成的序列是 1，6，31，19，30，32，既不符合克氏的行政区序列，又不构成等比数列。另一方面，从目前来看，城镇空间结构协调度仅为0.706 6，处于低度协调阶段，且出现了低度协调到高度协调演变过程中难度逐渐增大的趋势，是制约四川城镇空间结构优化的具体障碍。具体而言，大城市发展的"极化效应"过于明显，中小城镇发展明显滞后是四川城镇空间结构发展的客观现实，城镇之间的资源要素流动依然呈现出向大城市过度集中的现象，不仅造成了"城市病"和生产生活成本的日益升高，还造成了中小城镇的资源要素外流，客观上产生了城镇空间发展的"两极分化"。归根结底是四川大中小城镇的交流协调机制并未真正建立，大中小城镇的空间拓展和发展方向受到"一把手效应"和官员升迁机制的影响，更多地表现为"过度竞争"，而非"有序合作"。

### 7.4.4 工业的"外部嵌入式"模式未能推动城镇空间结构优化

四川城镇发展依靠自身交通干线、通讯基础设施、管道运输和物流设施等"硬实力"和金融、文化、劳动力素质等"软实力"，实现了城镇空间结构的变迁和发展，招商引资和产业转移更是在软硬实力的双重结合下，起到了"扩张效应"和"示范效应"。然而，在地方政府用地指标日益紧张的条件下，招商引资和产业转移实现了从量到质的转变，地方政府对纺织服装、机械制造等劳动密集型传统产业的偏好逐步降低，而更加倾向于选择现代制造产业、绿色环保产业、生物健康产业等资本技术密集型的高新技术产业，客观上导致了工业发展与城镇发展脱节，工业表现出来"外部嵌入式"的特征[1]，产生了对低技术、本土化的劳动力的排斥作用，使得工业与城镇发展不仅呈现出空间上

---

[1]　刘澈元，徐晓伟. 欠发达区域承接外资产业条件实证分析 [J]. 经济地理，2012 (7)：81-86.

的分异，而且存在经济与社会层面的分异。工业发展与城镇发展脱节，必将造成工业发展失去本土化和地方化的支撑，工业的关联产业和上下游产业的滞后必将增加工业生产的物流成本，降低工业生产经营效率；同时，工业核心动力的缺失，也将影响城镇空间结构的变迁和升级，使得城镇发展缺乏持续稳定的增长动力，容易在激烈竞争的城镇空间结构博弈进程中，丧失原有的优势和地位。

### 7.4.5 城镇综合承载能力差距导致城镇空间结构失衡

城镇综合承载能力是一个较新的概念，不同于城镇功能或城镇规模等概念。从宏观角度来讲，既包括地质构造、水土资源和环境质量等物质层面的自然环境资源承载能力，又包括城镇容纳能力、影响能力、辐射能力和带动能力等非物质层面的城镇功能承载能力。从微观角度来讲，指的是城镇资源禀赋、基础设施、公共服务和生态环境等综合因素对人口和经济社会的承载能力。四川城镇空间结构失衡的原因之一就是各个城镇的综合承载能力差。从纵向来讲，四川城镇空间经历了"城镇空白→城镇形成→中心城市出现→城镇等级基本形成→城镇多极化和网络化格局雏形形成"的客观进程，是一个城镇数量从无至有、城镇规模由小到大、城镇空间结构由简单到复杂、城镇联系由松散到较为紧密的客观过程。具有良好的自然资源条件和一定经济、技术和社会基础的城镇具有更高的城镇综合承载能力，其城镇空间结构演变进程也较快。自然资源条件是先天给定的条件，是难以改变或需要花费巨大成本才能改变的城镇发展条件，因此，经济、社会和技术等因素导致的城镇综合承载能力差距是城镇空间结构失衡的主要原因。当然，也应该看到城镇空间结构演变具有一定的惯性和滞后性，城镇空间结构优化升级是一个长期的、连续的客观进程。

## 7.5 本章小结

通过对四川城镇空间结构优化机制的分析，得出政策制定的滞后性、层级性以及政策制定的相对统一性与城镇空间结构的多样性矛盾，政府投资总量的相对不足和投资结构不均衡以及信息不对称和决策主体多元化造成的部门决策冲突是阻碍政府作用机制的主要障碍。土地产权制度不健全、土地流转过程的暗箱操作和寻租行为、盲目的 GDP 崇拜思维，产业重构和低水平重复建设，以及农村产权制度、户籍制度、农村金融服务体系的不健全是导致市场配置资源机制失衡的主要因素。而公众意识缺乏、企业与政府的长效沟通机制不健全是阻碍社会公众协调机制的主要障碍。另外，四川城镇空间呈现出来的"一城独大"局面，缺乏特色和竞争力的"小而散"模式、城镇空间功能结构不协调、工业对城镇的"外部嵌入式"特征明显等都是影响城镇空间结构优化的问题，需要对城镇空间结构优化的总体思路、宏观路径和具体措施进行细致研究，以解决阻碍四川城镇空间结构优化的体制机制障碍，促进城镇空间结构优化调整。

# 8 四川省城镇空间结构优化调整思路及其对策研究

四川城镇空间结构优化研究主要围绕构建以特大城市为核心、区域中心城市为支撑、中小城市和重点镇为骨干、小城镇为基础的总体目标，通过宏观、中观和微观三个层次，对城镇空间密度、城镇地域规模结构、城镇空间形态的三条线索展开研究，并通过空间引力模型、功效函数与协调函数、空间滞后模型得出四川城镇空间结构现实格局类型、评价结果及影响城镇空间结构因素的显著性，并对城镇空间结构优化的机制进行分析与探讨，得出四川城镇空间结构优化的主要问题，对阻碍城镇空间结构优化的体制机制障碍进行相应的对策研究。四川城镇空间结构优化调整是一个复杂的系统性工程，需要客观地认识到优化的层次性、阶段性和动态性，需要在优化的总体思路指导下，对城镇空间结构优化的机制设计和当前亟待解决的问题做进一步的分析和研究。

## 8.1 四川省城镇空间结构优化的总体思路

四川省城镇空间结构优化的总体思路是在整个研究背景和框架结构基础上结合四川城镇空间结构的现实格局和城镇化所处的阶段，进行机制设计，并提出对策、措施。应该遵循的原则主要包括可持续发展原则、统筹城乡发展原则、"四化同步"发展原则、大中小城镇协调发展原则和区域合理分工原则，并在此基础上提出城镇空间结构研究的内容和重点。

### 8.1.1 四川省城镇空间结构优化的原则

#### 8.1.1.1 可持续发展原则

四川城镇空间结构优化调整，要以经济社会的持续健康发展为原则，空间结构优化要以同代人之间、城镇内部和城镇之间的发展环境的帕累托改进为前提，不能损坏各方利益。同时，还需要在结构优化的推进与调整进程中，为后代人的各种社会活动预留足够的空间和土地。四川城镇空间结构优化还需要充分尊重各空间单元的自身发展规律，既需要通过空间结构的合理优化提升城镇内部产业、资金和人口的运行效率，促进城镇功能的合理分区，通过生产功能区和生活功能区的有效组合，提升产业的集聚效应、规模经济以及社区品质，改善社区生活条件；又需要通过城镇内部空间结构的优化调整，实现城镇间和城乡间要素的自由流动，使城镇和乡村经济可持续发展。在城镇空间结构优化的进程中，体现公平性、可持续性和共同性原则，既需要优化城镇空间结构，促进城镇空间生产效率提高，又需要尊重经济社会发展的客观规律，通过城镇空间结构优化调整，提高各空间单元的运行效率。

### 8.1.1.2 统筹城乡发展原则

优化四川城镇空间结构，要调整城镇功能区的布局，以实现统筹城乡发展为原则。四川城乡发展差距较大，存在城乡利益二元结构，包括工农业经济利益的二元结构、城乡居民收入分配二元结构、城乡公共产品供给二元结构、城乡资源要素报酬率二元结构等，城乡利益能否处理得当，关系到区域经济协调发展、地区收入差距等多方面问题。四川城镇空间结构优化既要为农村剩余劳动力转移提供保障和渠道，促进人口向大中城镇合理转移，又要疏通城镇空间，发挥扩散和溢出机制效应，完善城乡交通干线和网络条件，通过城镇的辐射和带动，逐步扩大城镇空间规模和范围，打破城乡二元障碍，促进城镇协调发展。

### 8.1.1.3 "四化同步"发展原则

四川作为中国西部经济大省，处在探索工业化中期阶段与城镇化加速发展阶段，其工业化率从2000年的29.4%提升到了2012年的50.4%。随着经济与社会的发展，农业现代化与工业化、城镇化呈现出相互影响、相互制约的关系，政府提出"三化联动"。在党的十八大会议上，中央强调新型工业化要与信息化深度融合，走"四化同步"之路，因此四川城镇空间结构优化需要贯彻落实党中央的政策指示，以"四化同步"发展为原则。在城镇空间载体内需要优化城镇空间，促进城镇化与工业化同步协调发展。同时，加强科学技术在工业领域中的应用，使信息化与工业化深度融合。还要在城镇空间合理利用和优化调整的过程中，为农业现代化发展预留空间和土地，实现城镇空间结构优化和城乡空间形态升级的双重目标。

### 8.1.1.4 大中小城镇协调发展原则

四川城镇空间结构优化需要逐步完善城镇体系，壮大中小城镇，实现大中小城镇协调发展，需要在优化城镇空间结构的同时，实现城镇化进程的稳步推进，并防止出现"城市病"。充分尊重市场规律，促进城镇合理分工，合理控制城镇规模，以大中小城镇协调发展和城镇体系健全为城镇空间结构优化的目标和导向。通过改革户籍管理制度，促农村人口向城镇转移，四川省已经全面放开了小城镇落户条件，促进人口有序、就近地向城镇转移。适度修订设市、设镇的标准，完善城镇网络体系，采取多核心状城镇发展模式，逐步调整特大、大、中、小城镇的比例关系，适度增加城镇空间密度较为稀疏地区的城镇数量，从而形成城镇空间的良好格局。以大中小城镇协调发展为原则，既能够充分尊重要素、信息、服务等向大城市流动的主体趋势，又能加快和提升中小城镇的发展能力，为大城市产业转移和空间溢出创造条件。

### 8.1.1.5 区域合理分工原则

优化四川城镇空间结构需要放在成渝经济区的发展进程中，同时需要考虑省内天府新区规划建设和多点多级发展战略的客观要求，以区域合理分工为重要原则。成渝经济区已经上升为国家战略，是引领中国西部地区发展、提升内陆开放水平、增强国家综合竞争实力的重要支撑。成渝经济区的四川部分面积为 15.45 万平方千米，占全省的 31.9%；常住人口约 6 691.3 万人，占全省的 83.6%；实现 GDP 已经超过全省的 90%。围绕成渝经济区"双核五带"的城镇空间格局，四川省充分尊重经济发展的客观实际，发挥区域比较优势，深化区域合作，大力推进"一极一轴一区块"建设，促进全省城镇空间协调发展和区域合理分工。还应该注意，在四川在城镇空间优化的进程中，需要考虑省内天府新区规划建设和多点多级战略支撑的要求，依据要素禀赋优势，形成城镇空间的合理分工，有效地避免产业同构和过度竞争。

## 8.1.2 四川省城镇空间结构优化的内容

### 8.1.2.1 人口的引导和分流是四川省城镇空间结构优化的基本内容

人口是城镇空间结构优化的主体力量，也是城镇空间结构优化后的受益者和贡献者。人口是劳动力的主要来源，为经济增长和城镇规模和空间扩大提供了重要的要素和资源。人口的引导和分流是四川省城镇空间结构优化的基本内容，人口流动和迁移既是经济现象，又是社会现象。人口的集聚是城镇空间结构的客观形态，人口倾向于向经济发达、就业机会多、工资水平高的地方流动。目前，就四川的户籍制度而言，人口流动体现市场规律作用，而人口迁移更多体现的是政府作用，因此，人口的引导和分流是政府和市场作用的结果。四川已经全面放开了大中小城镇的落户条件，只要在城镇有合法、稳定的住所，本人配偶、子女、父母及其亲属都可以在当地申请落户，而作为特大城市的成都，落户条件暂未放松。政府通过改革和制度调整鼓励和实现人口迁移，更多体现的是政府意志，还应该通过区域经济刺激计划和发展规划，实现区域经济的振兴，并提供更多的就业机会吸引人口迁移和流动，通过市场机制作用，实现人口的流动和迁移，从而为城镇空间结构优化做好铺垫。

8.1.2.2　产业的布局与调整是四川省城镇空间结构优化的核心内容

产业是城镇发展的核心推动力，由产业衍生出来的工业园区、生活配套区和商务区等功能区是城镇空间结构的重要形态和组成部分，因此产业的布局和调整是四川城镇空间结构优化的核心内容。产业的发展是一个从低级到高级、由简单到复杂的进程，产业的升级与调整本身要表现在一定城镇和空间范围内。产业的布局是政府与企业在综合所有交通、市场、劳动力、金融服务能力等区域整体配套能力后所做出的决策，是政府与企业利益诉求的平衡点，既是政府与企业合作的结果，又是政府与企业博弈后的均衡解。尤其是在土地资源日益紧张的客观约束条件下，产业的布局与调整更是要经过详细调研与周密论证后才能做出决策，既需要符合企业利润最大化的客观要求，又要与地方政府相关经济社会发展规划相一致，因此产业的布局和调整本身也是城镇空间结构优化的重要内容。加之随着产业的发展，产业与上下游形成的产业链和关联产业会逐步完善和壮大，并在城镇空间上表现为一定的空间形态和空间单元，这种空间形态和单元调整升级，并与周边组织进行物质、信息交流，推进了城镇空间结构优化进程。

8.1.2.3　规划交通基础设施建设是四川省城镇空间结构优化的重要内容

交通基础设施是城镇空间结构的重要景观和组成形态，交通基础设施的通达性、容纳能力是衡量城镇规模、城镇等级的重要指标。城镇内部的交通网络运载能力是城镇空间结构优化的重要内容，也是城镇空间结构优化调整的物质保障和基础条件。而城镇间的交通网络里程是城镇群物质能量交流的保证，是城镇功能分区和城镇空间定位的联系纽带。四川城镇空间结构优化需要以交通基础设施作为重要保障，涉及的产业园区必须以交通网络作为原材料输入和产品输出的纽带，涉及的无用功能区必须以交通网络作为人员和信息交流的物质基础。另外，交通基础设施是一个由干线和节点组成的交通网路体系，不管城镇内部还是城镇外部都是如此。交通基础设施作为城镇空间的重要形态和景观，需要考虑生态效应、环境效应和空间效应。交通网络的完善和规划要服从国家层面的主体功能区区划和四川省城镇空间发展规划，同时需要做到适度超前发展，提高跨区域交通能力，大大缩短城镇物质能量交流的时空成本，显著提升交通的时效性、便捷性和舒适性，通过交通网络通达性的提升和容量能力的增强为四川城镇空间结构优化做好准备。

**8.1.2.4　建立政府、市场和民间机制是四川省城镇空间结构优化的制度内容**

四川城镇空间结构的形成和演变是政府主导的，尤其是在中国政治经济联动的既有机制下，地方官员对城镇空间结构优化布局负责，地方官员升迁和晋升与财政收入、辖区发展水平捆绑在一起，激烈地抢夺优质项目和政策必然导致官员间和地区间陷入"标尺竞争"。尤其是在"一把手"效应对城镇空间发展产生重要影响的客观背景下，城镇更多地体现为竞争而非合作。适度的竞争会促使城镇空间发展质量和水平提高，而过度竞争往往导致城镇间经济贸易交流的正常渠道受到阻碍，人为地提高了交易成本，不利于城镇的合理分工和协作。因此，要通过上级政府建立一套行之有效的沟通协调机制来缓解和协调城镇发展进程中的各种矛盾和问题，需要上级政府在制定经济和城镇发展规划时，充分考虑城镇规模、城镇等级和城镇综合承载能力，保证规划的科学性、客观性和公正性，并建立一套有效的监督管理体制来约束下级政府的行为，使得各城镇发展的重心和主导产业明确、相互衔接、相互协作。通过建立政府协调机制，可以做好四川城镇空间结构优化发展的"顶层设计"①，以最大限度减少城镇空间结构优化升级中的制度障碍，通过低成本、高效率的沟通和谈判机制，最大限度地避免城镇空间资源浪费、重复建设和盲目建设。

### 8.1.3　四川城镇空间结构优化的重点

**8.1.3.1　培育和壮大城镇群**

城镇群是在特定的区域范围内集中不同性质、类型和等级的城镇组成的空间结构形态，是以一个或多个核心城市为依托，以一定的自然环境和交通网络为联系纽带而组成的一个相对完善的城镇"集合体"，城镇群是城镇发展到成熟阶段的最高空间组织形式。四川城镇空间结构优化的重点是要由几个不同等级的城镇及其郊区通过空间、物质、人员交流形成城市—区域系统。区域经济板块做大做强的着力点在城镇群，只有通过城镇群的规模效应、集聚效应和扩散效应，才能扩大城镇群的经济规模，提升城镇空间的发展水平，才能使城镇参加全国和全球竞争。四川省城镇群壮大和升级的着力点在于壮大区域性中心城市，依托其具备的现代产业体系所需要的人才、技术、资金和信息条件，形

---

①　罗重谱. 顶层设计的宏观情境及其若干可能性［J］. 改革，2011（9）：12-17.

成高效的资源配置和社会分工，通过"涓流效应"和"极化效应"促进经济活动，从而推进经济活动的开展，并带动城镇群的壮大和发展[1]。四川城镇群的根基在于壮大县域和镇域经济，需要一批规模大、功能齐全、特色鲜明的小城镇为依托，需要促进大中小城镇协调发展，促进区域性中心城市和小城镇发展，从而壮大城镇群的规模和数量，完善城镇群的空间集聚形态。需要通过多点多极城镇空间格局推动四川省城镇空间结构由单核心向多核心模式转变，通过多个城镇群的壮大和发展，优化城镇发展的空间格局，形成全省竞争有序、分工明确的城镇空间结构形态。

### 8.1.3.2　合理选择主导产业

产业的布局与调整是四川城镇空间结构优化的核心内容，而主导产业的选择是四川城镇空间形态和结构变迁的核心动力。主导产业是区域产业中占比最高的，采用先进技术和工艺，能实现较高的增长率，并且带动关联产业发展。从量的方面来讲，主导产业在当前或者今后的国民收入中占有较大比重；从质的方面来讲，主导产业在国民收入中起着举足轻重的地位，能对区域经济增长起着关键和核心作用。主导产业不仅涉及就业、收入，还涉及区域关联产业的发展和城镇空间结构优化，因此主导产业的选择是四川城镇空间结构优化的重点之一。四川主导产业选择需要结合城镇空间发展阶段、形态和规模，通过产业与城镇的互动发展，增强城镇吸收各种要素的能力。以实体经济为依托，大力发展主导产业的前向关联产业、后向关联和旁向关联产业，包括现代服务业，形成三次产业协调发展，达到产业发展、城乡发展、城镇空间结构优化的目的。要进一步了解四川各城镇发展的产业情况，结合区域和资源禀赋优势，把发展特色产业、优势产业、新型产业作为我省优化城镇空间的突破口，立足区域市场、开发国内市场、探索国际市场，将四川建设成西部重要战略资源开发基地、现代制造业基地、科技创新基地、农产品深加工基地，同时建立物流中心、商贸中心和金融中心。

### 8.1.3.3　拓宽城镇建设资金来源

城镇空间结构优化涉及城镇建设的各个方面，是一个复杂的系统性工程，资金是城镇空间结构优化的核心要素和关键要素，因此需要进一步拓宽资金来源，采用资金管理的混合模式，提高资金利用效率。探索多种形式的资金管理和经营模式，通过政府和市场手段的双重结合，将城镇建设资金由"拨款"转变为"投资"，以建立市场配置资金的全新投入方式。通过引入民间资本、

---

① 刘军，黄解宇. 金融集聚影响实体经济机制研究［J］. 管理世界，2007（4）：152-153.

社会资本和境外资本等，大力拓宽城镇建设的资金来源，通过建立专门的政府、社会和境外资本组成的资产管理公司，负责城镇空间结构优化的投融资管理、建设管理、经营管理和综合开发。对于四川的一些投资期限长、资金需求大、经营风险高的城镇空间结构优化的交通、通信和能源等重大项目，采取BOT模式①（Build-Operate-Transfer），以政府和民间组织达成协议为基础，由政府向民间组织颁发特许经营权，允许民间组织在一定时期内筹集资金，建设重大项目，并主导项目的经营和管理。当特许期限结束以后，将重大项目的管理经营权移交给政府。这种运作模式有利于四川城镇空间结构的优化，具有很强的可操作性，缓解了政府基础设施建设的巨大资金压力，提前为社会公众提供了社会公共产品，又有利于鼓励和带动民间资本参与公共事业建设，是一个"多赢"的运作模式，是四川城镇空间结构优化的重要方面。

#### 8.1.3.4 科学制订城镇空间发展规划

城镇空间发展规划是城镇发展的必然要求和必然趋势，城镇空间经历了从无序到有序、从简单到复杂、从低级向高级的发展过程，城镇空间发展规划在其中起到了十分重要的作用。1991 年 5 月通过的《四川省〈中华人民共和国城市规划法〉实施办法》标志着四川城镇空间发展将更多地在政府的规划和控制下进行，2011 年 9 月 29 通过的《四川省城乡规划条例》是新形势、新背景和新特征下四川城镇空间发展的重大调整，意味着城镇发展规划将更为科学、合理，并遵循节约土地、城乡统筹、合理布局、集约发展的原则，更加注重城镇空间结构与生态环境的保护和资源、能源的综合利用。科学的城镇发展规划应该优先安排基础设施和公共产品的建设，妥善处理新区开发与旧区改造的关系，兼顾城镇发展与产业发展的关系、自然资源和历史文化的关系，提升城镇规划质量，挖掘城镇发展的特色元素和特殊文化。同时，四川城镇空间发展规划将服从于四川国民经济和社会发展规划，并按照下层规划服从上层规划、专业规划服从总体规划的原则，与主体功能区和土地利用总体规划相衔接，避免规划之间相互矛盾和不协调的情况发生，保证规划的科学性、合理性和可操作性。

---

① 石磊，王东波.利益外部性和 BOT 模式的有效性 [J].中国管理科学，2008，16（4）：120-125.

## 8.2 四川省城镇空间结构优化的宏观路径

### 8.2.1 四川省城镇空间结构优化中的政府作用机制设计

#### 8.2.1.1 政策引导与规划控制机制

四川在城镇空间结构优化进程中已经制定出了一系列引导政策，有效推动资金、劳动力等要素合理流动，以优化资源配置，提高资源利用效率。如四川省政府早已经制定出《关于进一步鼓励和引导民间投资健康发展的实施意见》《关于大力扶持小型微型企业发展的实施意见》《关于抑制部分行业产能过剩和重复建设引导产业健康发展的意见》等相关措施，有效、合理地引导要素、产业和企业的健康发展。政府通过制度安排引导资源的合理开发和使用，并合理规划主体功能区；通过经济刺激政策，减少企业负担，通过开发区、高新区、工业园区和工业集中发展区建设，为企业生产经营创造良好条件，促进城镇空间结构优化；通过制定产业转移相关细则和落实办法，完善主导产业和优势产业的产业链，选取关联产业，壮大城镇空间结构优化的核心动力。通过上级行政部门搭建沟通平台，建立有效的信息交流与沟通机制，减少城镇空间博弈与竞争中的效率损失，建立优势互补、协调发展的城镇空间分工和合作机制。政府的引导与规划控制机制有利于规范城镇空间发展格局，提升城镇空间发展质量，避免因为盲目扩张和低水平重复建设造成的产业同构和空间竞争恶化。一方面，政府的政策推动与引导需要通过制度手段使其具有强制性和法律性，需要激励机制与惩罚机制相结合，减少市州层面和县级层面贯彻执行省级城镇空间规划的政策阻力，要求市州层面和县级层面的发展规划必须服从上级规划，使城镇空间规划协调一致，使城镇空间布局符合政府的整体战略部署和规划布局；另一方面，政府通过区域政策可以改变城镇空间布局的整体格局和动态水平，通过区域政策可以有效协调城镇发展，推进区域宏观运行，能够在特定的城镇空间范围内实现结构调整和优化，因此要提高政策制定的科学性和可操作性，充分照顾不同类型和不同经济发展水平的城镇，使得政策的推进和落实达到预期效果，充分尊重城镇居民和市场主体的核心利益，推动土地整理和城镇空间规模的功能调整。

#### 8.2.1.2 政府投资与示范机制

政府投资与示范机制是四川省城镇空间结构优化主要的动力机制之一，而四川省政府投资存在投资总量不足和投资结构失衡的弊端，区位条件、资源条件、交通网络等投资环境在客观上阻止了政府投资与示范机制发挥作用。因此，投资的示范与溢出机制，需要通过原始投资带来引致投资，并通过投资的示范效应，带动产业链下游投资的跟进，从而解决城镇空间结构优化所需的大量资金问题。这种投资需要通过"拓宽资金来源→加强资金监管→提高资金利用效率"的途径来实现，具体流程如图8-1所示。

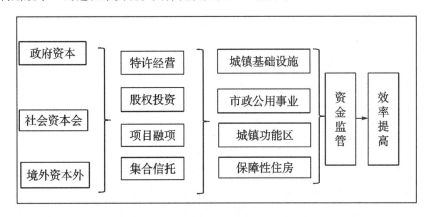

图 8-1　投资示范与溢出机制示意图

城镇空间结构优化需要在政府主导作用下，降低准入门槛，减少制度障碍，建立一套能够广泛吸收民间、社会和境外资本的机制，以拓宽民间投资范围和领域，引导和鼓励民间资本进入。资本的筹措和募集可以通过股权投资的方式，取得基础设施或者其他重大项目的股份，在项目正常运行后，享有项目对应的经营管理权和分红，实现投资回报。通过特许经营的方式，将政府控股或经营的部分项目转交给民间资本经营，实现政府经营收益与民间资本经营效率提高的双赢局面。在市政工程和路网建设方面还可以通过项目融资的方式，靠政府担保提高银行授信额度，解决城镇规划建设的资金问题。在涉及城镇规划建设的大型机械设备和固定资产购置时可以采取融资租赁的方式，既解决了城镇建设进程中的大型设备购置问题，又保证了工程和项目进度。在涉及基础设施和城镇功能区建设时，还可以采取集合信托的方式，通过相关平台搭建委托人和受托人的沟通机制，达到筹集资金的目的。

四川省城镇空间结构优化的范围主要包括城镇基础设施、市政公用事业、城镇功能区建设和保障性住房建设，都是一些资金需求量大、建设周期长的重大项目，完成的效率与进度直接关系到四川经济发展的整个投资环境，因此需要在整个投资示范与溢出机制的各个环节，进行科学、客观、公正的城镇空间结构规划，符合四川经济和社会发展规划要求，实现上下级功能区的合理规划衔接。同时加强资金监管,定期公开项目进度与资金的使用情况,保证资金的安全,提高资金利用的效率。通过高效的投资示范效应,带动引资投资和关联投资的增加,实现四川城镇空间结构的优化与调整。

### 8.2.1.3 政府协调与控制机制

四川省城镇空间结构优化需要政府发挥协调作用,主要是政府与政府间以及政府与企业间的协调,在中国政治和经济联动发展的背景下,这种机制显得尤为必要,理顺政府协调与控制机制有利于协调区域发展,提高城镇空间扩张质量。四川省各级政府协调经济发展与城镇空间扩张是在资源环境承载能力这一约束性指标限制下的必要措施。一是要通过政府建立沟通协调机制,促进政府间的信息沟通、利益协调和危机处理,解决由于城镇空间规模和形态差距巨大带来的多种负面影响。以区位条件、产业条件、经济发展层次和水平等条件为出发点,促进四川辖区内的各个城镇展开地区合作、产业合作和技术合作,并在财政激励和政治激励的双重作用下,协调区域发展,调整城镇空间结构。二是要在各级政府的组织和协调下,充分发挥企业的生产积极性和技术研发能力,通过地方政府构建的沟通交流平台鼓励企业开展资金、技术、科研和市场合作,通过激活企业发展创新的积极性,促进关联产业分享技术和市场,并在城镇空间规划下实现产业与城镇空间的有效融合,通过推进企业的技术改造和生产方式创新,带动城镇空间的调整和升级。三是必须明确四川城镇空间决策主体的多元化与利益复杂化,不仅包括区域之间的利益冲突,还包括城乡之间的利益冲突。利益多元化和复杂化是资源、区位、交通条件和激烈的"标尺竞争"综合作用的结果[①],这就要求在四川城镇空间扩张过程中要充分考虑城乡关系,协调城乡利益,统筹城乡发展,解决城乡二元结构带来的弊端。政府需要完善社会发展机制,通过经济与社会的同步协调发展,达到优化城镇空间格局的目的。并在国土空间规划和主体功能区划的作用下,解决区域间的矛盾和利益冲突,将成都平原、川南、川东北和攀西地区确定为重点开发区,将农产品主产区、盆地中部平原浅丘区等农产品主产区、若尔盖草原湿地和川滇森林及生物多样性生态功能区等重点生态功能区作为限制开发区,将自然保护区、森林公园和地质公园等保护区作为禁止开发区,通过各类区域协调发展,协调区域利益和城乡关系。总之,四川城镇空间结构优化的政府协调与控制机制需要构建政府与政府、政府与企业间的沟通协调平台,要从城镇空间结构规

---

① 踪家峰,李蕾,等. 中国地方政府间标尺竞争——基于空间计量经济学的分析 [J]. 经济评论,2009 (4):5-12.

划的顶层设计入手，科学、合理、公平地制定各种区域开发政策和空间规划，妥善处理区域间、城镇间和城乡间的利益，并采用长期有效的危机干预办法，以协调空间主体的利益，争取用最低成本解决各种冲突和矛盾。

### 8.2.2 四川省城镇空间结构优化中的市场配置资源机制设计

#### 8.2.2.1 价格调节机制

四川省城镇空间结构发展主要表现为城镇内发展迅速、城镇间矛盾突出的特点，尤其是在市、州层面上的竞争与矛盾比较突出，而这种竞争与矛盾主要体现在土地市场和房地产市场上。具体而言，中央政府将区域经济发展作为首要目标，通过财政和人事制度安排，将地方官员的管理水平、区域发展水平和财政收入与官员晋升联系在一起，通过财政激励实现官员的晋升。而这种制度和逻辑可以推广到市、州、县级、乡镇等，地方官员对财政和政治激励做出博弈后的决策，逐渐成为维护市场型（Market Preserving）和强化市场型（Market Augmenting）的地方官员[①]，主要致力于辖区内的经济发展和城镇空间管制，而财政激励的基础是土地财政，因此对土地市场价格调节和控制实现了城镇空间结构的动态发展。地方官员既需要致力于发展辖区城镇经济，增加辖区财政收入，又需要致力于拉开城镇间的距离，优化城镇空间结构以体现自身的管理水平和政绩，谋求在晋升中脱颖而出。因此，城镇空间发展既表现为辖区内的结构优化，又表现为城镇间差距的扩大和城镇间竞争的加剧。因此，需要通过土地市场价格的干预和调节，实现城镇空间的结构优化调整，价格调节机制对城镇空间结构的优化调整如图 8-2 所示。

一方面，由于财政激励的作用，地方官员通过招商引资增加辖区内企业的数量与质量，建设城镇基础设施，发展交通网络，努力提升辖区经济水平，优化城镇空间发展格局，从而进一步带动城镇整体竞争水平的提高和城镇空间形态的优化升级；另一方面，在政治激励作用下，四川各级政府采取的是"党管干部"和"分部分级"管理，官员升迁是辖区综合政绩下的"任命制"，决定地方官员晋升的是上级政府，而非下级或辖区内的公民，造成同级政府在经济发展和城镇空间结构优化的进程中往往采取地方保护主义以限制资源和要素流动，不惜成本地"抢夺"重大项目，人为地提高了城镇空间生产经营的成本，加剧了城镇空间的竞争，使得城镇空间合作和产业合作的机制受到阻碍。土地财政是实现财政激励的重要手段，而依赖于土地市场的房地产市场以及其

---

① 徐现祥，王贤彬. 中国区域发展的政治经济学 [J]. 世界经济文汇，2011（3）：26-57.

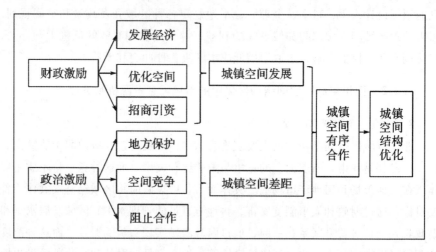

图 8-2　价格调节机制示意图

上游的产业也通过税收的方式实现地方政府财政收入，同时，通过地方保护和空间竞争的方式，既能够实现城镇空间结构的优化，又可以拉开城镇发展的差距。因此，土地市场的运行需要建立健全信息公开制度，将土地所有权和使用权的合法转让纳入法定轨道，规范土地竞价的招投标过程，对土地占有权、使用权、收益权和处分权进行市场化运作，完善土地登记制度，明确界定适应产权市场化的土地权利，允许集体土地进入建设用地市场，以市场机制为主、政府机制为辅确定土地定价，促进城镇空间结构优化调整。

8.2.2.2　产业集聚与扩散机制

产业是区域经济发展和城镇空间形态的核心推动力，产业也是城镇空间结构的重要组成部分，产业的发展规模和效益影响着地区经济发展水平和城镇空间结构，产业集聚主要包括市场创造模式和资本转移模式两种类型，而产业集聚的表现形式是工业园区或者工业集中发展区。四川城镇空间结构优化受到产业集聚与转移机制的影响，在各市、州形成了工业集中区213个，可以分为两种类型，一种是在原有的具有一定规模的市场条件的专业市场的基础上形成的"市场创造模式"，另一种主要是政府政策主导下通过承接产业转移和招商引资等形成的"资本转移模式"，这些产业调整和企业行为都是在城镇空间载体上发生的，对城镇空间结构迁移起着重要作用，具体的产业集聚与迁移机制设计如图8-3所示。

市场创造模式发挥市场对资源配置的基础性作用，推进企业向一定的地理空间范围集中，促进专业化市场的形成，以便为企业生产提供信息条件和市场

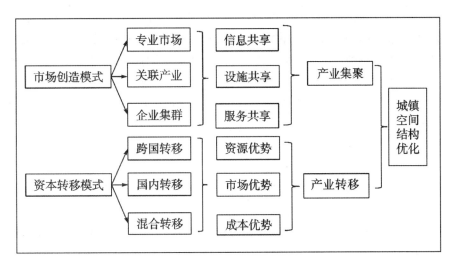

图 8-3　政府引导与推动机制示意图

交易条件，并共享信息、基础设施和政府服务等，以降低生产成本，促进企业利润最大化①。"市场创造模式"需要有选择性地鼓励和支持产业发展，支持现代制造业、高新技术产业和战略新兴产业发展，并重视短期与长期的关系、经济增长与环境保护的关系，促进产业集聚和产业结构升级，促进城镇空间结构合理优化。这种模式下，企业通过发达的信息、完善的交通网络和优质的企业咨询、金融等服务，形成产业集聚，从而形成一定规模的城镇空间形态。

　　"资本转移模式"的核心是产业在区位的最优布局和选择，转移的结果一般是通过等级式或者跳跃式迁移形成新的地理空间范围。产业迁移一般指跨国转移，通过资本、技术、知识产权的输出，寻找资源丰富、劳动力成本低、市场广阔的地区；另一类型转移是国内企业在东部地区生产成本升高的情况下，通过寻求生产成本低、利润高的地区组织企业生产。通过地区的资源优势、市场优势和其他成本优势，减少企业运行的原材料和产品的运输成本，更加容易地获取市场信息，从而实现利润的最大化。而"资本转移模式"需要注意产业对城镇经济增长的带动作用，需要注重本地市场配套率，并结合城镇资源要素优势，与周边城镇形成适度的区域分工，通过与周边城镇的资金、要素和技术交流，促进城镇空间结构优化，防止短期的"GDP冲动"造成的产业同构

---

① 张炜，廖婴露.论产业集群内的中介组织 [J]. 求索，2005 (11): 24-25.

和低水平重复建设①，导致城镇空间竞争激烈和资源浪费。产业集聚和产业转移都是企业生产经营活动的客观行为，产业集聚是为了获取信息、网络和服务优势，是本地市场效应和价格指数效应的合力大于本地拥挤效应的结果。而当本地拥挤效应足够大时，产业的集聚会由于竞争的激烈、利润空间的降低和园区生产条件的恶化而发生迁移行为，产业会出现再次调整，因此产业集聚与产业迁移都是动态的发展进程。产业的集聚与迁移的动态调整是城镇空间结构优化的保证，也是城镇空间结构优化的必要条件。

### 8.2.2.3 要素空间集聚与扩散机制

四川城镇空间结构变迁是资金、技术、劳动力、产业的集聚与扩散相互作用的结果，是城镇空间结构形成的重要动力，要素的集聚与扩散受市场规律和制度因素的双重影响，决定了政府的宏观政策对要素集聚与扩散起着引导和调整作用，合理的政策引导可以使城镇空间结构和空间形态更加合理，具体机制如图8-4所示。

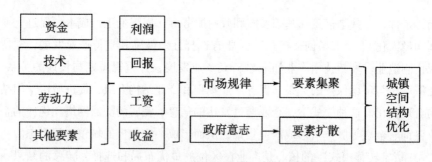

**图8-4　要素集聚与扩散机制示意图**

如图8-4所示，城镇空间结构形成的要素主要包括资金、技术、劳动力和其他要素，资金追求利润，技术追求回报，劳动力追求工资，其他要素追求要素收益，而这种要素收益往往受到城镇发展水平、人口规模、购买能力、消费水平等各方面的影响，城镇发展水平高、人口规模大、购买能力强、人均收入高的地区往往是要素收益高的地区，城镇空间结构发展的各要素趋向于向特大城市、大城市和区域中心城市集聚，要素的报酬率受到集聚效应、规模效应的影响和作用，往往遵循克鲁格曼提出的收益递增规律②，因此成都这一特大城

---

①　孙咏梅. 我国经济增长中的矛盾与资源的有效配置 [J]. 当代经济研究, 2011 (11): 37 -41.

②　王洪光. 收益递增、运输成本与贸易模式 [J]. 经济学 (季刊), 2008, 7 (4): 1231- 1246.

市和区域性中心城市往往在市场规律作用下成为要素集聚的首选地。这就是所谓的要素集聚力，在本地市场效应和价格指数效应的影响下，资源要素和企业倾向于空间迁移和集中实现利率的增加。这便需要以市场机制为基础，完善农村产权、户籍、金融和社会保障等综合政策体系，促进要素合理流动。还需要政府通过制定优惠政策和其他制度变迁，充分释放改革红利，鼓励和引导要素向成都和其他区域性中心城市以外的中小城镇集聚。这也就是在市场拥挤效应的作用下，鼓励要素从等级高、规模大的成都平原城市群向等级低、规模小的川南、川东北和攀西城镇群扩散，或通过各大城市群内的区域性中心城市向周边条件较好的地区扩散，通过等级扩散和跳跃式扩散，实现城镇空间要素转移，促进四川城镇空间结构优化发展和结构升级。

### 8.2.3 四川省城镇空间结构优化中的社会协调机制设计

#### 8.2.3.1 公众参与机制

四川省城镇空间结构优化需要建立一套行之有效的公众参与机制，充分保障公众的知情权、监督权和决策权，保障公众在城镇空间结构优化调整进程中的核心利益和权利。首先，需要实现公众参与的法制化，对侵害公众参与的行为给予严厉打击和惩罚。完善公众参与城镇规划建设和重大项目规划布局的长效机制，将听证会制度进行法制化管理，提高公众参与的法制和规章制度建设。其次，构建有利于公众参与机制运行的实体经济系统，通过完善交通网络、提高居民收入、大力推行信息技术水平等构建公众参与城镇规划和重大产业项目的物质和技术保障，完善信息公开制度，开拓公众参与途径，提高公众参与的便捷性和实效性。最后，对公众进行教育，提高公众参与城镇规划和重大项目建设的参与意识、法律意识和维权意识，通过有效的监督和合理的表达意见等方式，提高城镇空间结构优化运行的效率。

#### 8.2.3.2 社会组织机制

社会组织机制是长期以来被忽视的重要机制，在"市场失灵"和"政府失败"的情况下，容易导致城镇发展空间摩擦的加剧，导致产品市场、要素市场和服务市场的分割，使得城镇空间协调程度和城镇分工不明确。四川城镇空间发展的核心动力是产业，产业是有企业和家庭共同组成的动态有机系统，企业和家庭的空间决策对城镇空间有着重要的影响。城镇空间结构的形成和演变应该与产业演进与企业行为联系在一起，除了政府和市场以外，社会组织在生产组织演化进程中起了重要作用，社会组织机制在"缘协调→契约协调→管理协调"的演进中发挥这种作用。一是企业作为重要的社会组织形式，在与政府沟通交流时可以合理反映其自身经营的问题，向政府争取相应的资金补助、政策支持和税收优惠，通过与政府的磋商和协调最终创造企业发展面临的不利因素，从而推动产业的发展和城镇空间结构优化。另一方面，充分完善社会网络组织、市民社会组织与虚拟网络社会组织的信息沟通和交流，促进整个社会组织生态圈的健康发展和平稳运行①。同时，对媒体、非营利组织为主的社会组织给予有效的监管和引导，促进舆论监督和信息传递的有效性和真实性，使其能够在城镇空间结构优化、重大产业布局、城镇总体规划和详细规划出现问题时正确地监督和报道，最终达到企业利益、社会组织利益、政府利益和公众利益的动态平衡。

## 8.3　四川省城镇空间结构优化的当前政策措施

### 8.3.1　引导资源要素自由流动，注重城镇节点空间结构"自组织发展"

四川城镇空间结构优化是资源、要素在政策的引导和推动下自由流动、自由组合的结果，要素的流动是为了追求合理的回报和合理的区位选址，主要涉及城乡要素自由流动和城镇间要素的自由流动。四川地处西部地区，城乡差距较大，促进城乡要素自由流动需要统筹城乡，着力打破阻碍要素流动的制度障碍，既需要在全省范围内深化农村产权制度改革、农村金融制度改革，全面放宽大中城镇落户条件，进一步完善城乡要素自由流动的"制度体系"，同时又需要加快建立健全维持制度运行的"支撑体系"，包括农村金融服务体系、农村产权纠纷调节体系、农村产权交易平台体系等。建立健全农村产权经纪人管理服务体系，建立农业项目投融资的交流平台，提供政策咨询、产权流动、股权融资和项目推介等综合服务制度，建立城乡产权交易的电子商务平台，实现网络交易和网络支付结算，探索农业合作社的多种模式，初步建立城乡资源评估体系，拓展农村产权融资服务渠道，从而促进要素在城乡间自由流动和交易，促进城乡空间结构形态"自组织"发展和城镇空间结构优化。城镇间要素自由流动，需要建立要素交易平台，实现要素在城镇间自由流动。城镇空间要素追求合适的收益和要素报酬率，倾向于向特大城市、大城市和区域中心城市流动，当集聚所取得的效益被高昂的生产生活成本抵消时，要素会在利润最大化机制的驱动下，往其他中小城镇流动，形成新的城镇空间形态和空间结构。

---

① 燕继荣. 社区治理与社会资本投资 [J]. 天津社会科学，2010 (3)：59-64.

### 8.3.2 加强城镇空间交通网络规划，促进交通轴线适度超前发展

交通轴线是点轴系统的重要要素，是城镇空间联系的重要纽带，是城镇空间结构优化的必要条件。四川地处西部地区，四面环山，历史上素有"蜀道之难，难于上青天"的说法，因此交通条件和进出川通道对四川经济社会发展和城镇发展有着重要影响。交通运输条件还是促进城镇专业分工、城镇空间集聚和扩散的主要因素，也是城镇体系建设和城镇间经贸往来的重要纽带，交通线路的变迁、方式的进步和网络密集程度的变化都影响着四川的城镇空间结构的基本格局。相比于传统方式，交通运输条件已发生了根本性变化，主要服务于工业化和城镇化进程，满足城镇空间相互沟通与联系的需求，使得城镇空间布局超越了完全的"自组织"形态，通过交通运输体系的建设和交通运输方式的选择，可以达到城镇空间优化调整的目的。受交通因素的影响，四川省城镇空间布局相对集中，城镇空间形态差异明显，原有的铁路线路尚不能构成网络，密度不高，等级偏低，进出川铁路通道少；高速公路主框架和区域性高速公路网络尚未形成，水路航道等级低、季节性强，难以承担大规模运输职能，这都制约了城镇体系的合理布局，难以形成合理的城镇空间结构。目前，四川省铁路包括宝成、成昆、成渝、襄渝等5条铁路干线、8条铁路支线和4条地方铁路组成的铁路网；已建成高速公路26条，通车总里程2 016千米；已建成国道8条，总里程4 835千米；已建成省道33条，总里程9 597千米。但这些交通线路还未能真正形成网络，促进四川经济社会和城镇空间结构优化。因此，在交通投资大、周期长、风险高的客观约束条件下，需要提高城镇交通网络规划的科学性和合理性，充分考虑交通建设环境、空间景观和居民出行的影响。明确交通网络建设的责任主体，建立"省帮助、市尽责、县努力"的财政激励约束机制，加大财政资金对城镇交通设施和交通轴线的投入力度，通过贷款贴息、融资担保、"先建后补""以奖代补"等多种渠道，发挥政府投资的支持和导向作用。引入民间资本，完善BOT模式或BT模式，通过股权融资、项目融资和特许经营方式，大力吸引社会资本、境外资本和民间资本，投资城镇交通网络建设。积极推进融资租赁、集合信托等多种融资方式，筹集项目建设资金，鼓励银行增加对城镇交通网络建设的放贷额度，规范地方政府性融资平台发展，为城镇空间交通轴线适度超前发展提供资金支持和保障。通过交通投资机制的"溢出效应"和"示范效应"，有效带动城镇空间要素交流与运行，最终促进城镇空间结构优化。

### 8.3.3 完善城镇空间功能结构，推进城镇域面实现"多点多极"发展

四川在城镇空间结构优化调整的进程中，探讨了"一城独大"的单核空间发展模式的种种弊端，推进城镇域面实现"多点多极"发展，符合当前经济发展的客观实际和四川城镇空间的总体格局。当前，成都城镇空间规模拓展已经达到相当规模，建成区面积达 515.53 平方千米，已基本形成了"三圈融合、雁阵齐飞"的发展格局。同时，规划建设天府新区，将再造一个产业成都，为成都空间发展注入了新的动力和活力。但是民族地区、革命老区和贫苦地区的城镇发展较为缓慢，有的甚至还是无电地区。因此，在城镇空间发展差距过大、资源要素禀赋条件不同的情况下，在推动成都经济区发展的同时，要加快推进川南、川东北和攀西经济区发展，逐步改变"一枝独秀"的单核城镇空间发展模式，通过辐射、带动与协调作用，实现城镇空间的多极化发展。在经济区加快发展的同时，需要协调经济与城镇空间载体的融合发展问题，逐步完善城市群发展建设。成都城市群的主攻方向是提高发展的质量和综合效益，强化集聚中心对省内其他城镇的辐射和带动作用，强化成都平原城市群城乡一体化，与周边城市形成优势互补、产城一体的同城化建设。川南城市群主要发展现代制造业，强化"内自泸宜"的城镇空间一体化建设，以成渝铁路、成渝客专和成渝高速、成自泸高速、成安渝高速为纽带，加强与成都平原城市群的空间联系，优化城镇空间发展。川东北城市群和攀西城市群需要在增强各城镇总体竞争实力的同时，明确分工，加强联系，并凭借与周边城市群的"邻近效应"以提升城镇空间的发展水平[①]。

因此，"多点多极支撑"发展战略符合四川现阶段经济发展水平和城镇空间结构的基本格局，是全省经济发展和城镇空间发展必须遵循和贯彻的重要措施，是推进城镇功能合理定位的战略手段，有利于形成多极竞争、多点协同，能消除单极的"虹吸效应"，打破四川城镇空间结构优化的主要瓶颈，变"单极支撑"为"多极支撑"，变"一枝独秀"为"百花齐放"，从而推动城镇功能合理定位。

### 8.3.4 依靠改革红利释放活力，落实城镇空间结构优化的机制设计

四川城镇空间结构优化是城镇化的重要组成，需要协调各方力量，建立政

---

① 李琳，韩宝龙. 地理邻近对产业集群创新影响效应的实证研究 [J]. 中国软科学，2013 (1)：167-175.

府、市场和社会三方的联动机制。2013 年 8 月，全省已经召开组建省级新型城镇化发展专业投资平台，其中，涉及保障性住房和市政基础设施建设等城镇空间形态的具体方面的资金瓶颈问题，已通过专业投资平台向市场发行定向债券来解决。凭借财政资金的大力支持，自 2013 年开始，连续 3 年安排专项资金，支持 100 个省级试点城镇加强市政基础设施建设。同时，各地方政府根据自身的资源禀赋和发展条件，开展切实有效的区域合作，如成都-凉山、成都-资阳、成都-阿坝、成都-德阳、攀枝花-凉山等已经签订产业园区、城镇建设等方面的合作协议，通过产业的集聚和扩散机制，发挥各地区的比较优势，从而进一步加强各空间单元的沟通与合作，避免出现过度竞争和恶性竞争下的产业同构和产能过剩问题。此外，政府的引导与规划控制机制也是城镇空间结构优化的重要推动力，通过政府的政策引导和推动，不仅可以引导产业布局和调整，还可以在既有的空间约束条件下，规划和落实各个空间单元的城镇建设。通过四川省政府制定的《关于进一步鼓励和引导民间投资健康发展的实施意见》《关于大力扶持小型微型企业发展的实施意见》《关于抑制部分行业产能过剩和重复建设引导产业健康发展的意见》等一系列相互支撑与配套的政策，推动城镇空间在市场和政府的双重作用下实现优化调整。这一系列的机制和政策的背后，需要打破制度和体制障碍，充分发挥改革红利，加大体制机制创新力度，深化行政管理体制改革，积极、稳妥地推进城镇空间结构优化。

### 8.3.5　建立和完善城镇体系，形成大中小城镇协调发展的空间格局

目前，四川城市首位度为 6，从城镇体系规模结构看，成都作为特大城市，在全省经济和城镇建设方面有着巨大的优势，特大城市成都作为核心城市，对其余区域和城镇的"极化效应"远远大于"扩散效应"。与此同时，自贡、攀枝花、泸州、绵阳、乐山、南充等大城市发育较慢，综合竞争力与成都相比差距甚大，且与成都的联系受到区位条件和交通网络体系的影响，难以承接成都经济的辐射和扩散。因此，制定一套具有法律效应的纲领性文件来指导和约束四川城镇空间发展显得尤为必要。目前，全省正在编制《四川城镇体系规划》，受到四川省和各级政府的高度重视，已展开了对眉山、广元、巴中等地区的调研工作。《四川城镇体系规划》是四川城镇空间结构优化的重要政府性空间规划方案，是根据《城乡规划法》和《四川省城乡规划条例》具体编制的，是引导全省新型城镇化健康发展，合理配置省域和区域空间资源，优化城镇空间格局，统筹市政基础设施和公共设施供给，促进大中小城镇协调发展的依据，其贯彻落实也将为全省"多点多极支撑"发展战略和城镇空间结

构优化升级提供依据。

规划的编制和完善，需要以合理的城镇体系为指导，培育城镇空间核心发展动力，坚持以"四化同步"为原则，注重城镇空间结构优化的区域差距、城乡空间形态、城镇间产业发展动力、城镇空间发展质量和效益等。确定以人为核心的城镇空间发展模式，以降低人的空间通勤成本和生活成本为出发点，合理布局城镇生产功能区、生活区和休闲服务区。着力打造"一核、四群、五带"的城镇空间战略格局，形成以特大城市、大城市和区域性中心城市为依托、大中城镇为骨干、小城镇为基础的现代城镇体系，全面提升城镇空间结构的质量和水平，以城镇空间的优化调整实现城镇产业集聚、环境承载力提高和带动区域协调发展的目标。

## 8.4 本章小结

促进四川城镇空间结构优化调整需要客观认识到其层次性、阶段性和动态性，需要从总体上确定城镇空间结构优化的原则、内容和重点，再从政府、市场和民间三个层次探索城镇空间结构优化的宏观路径，最后对当前的城镇空间结构存在的显著问题和亟待解决的问题提出具体措施，从总体思路、宏观路径和具体措施三个方面入手，能够解决城镇空间优化的长期、中期和短期问题，为城镇空间结构优化发展提供有效的政策保障，并提高公众参与城镇各项空间规划的积极性和科学性。

# 9　主要结论与研究展望

　　本书在四川省深入推进新型城镇化和三大战略——"多点多极支撑发展战略、'两化'互动、城乡统筹发展战略和创新驱动发展战略"的背景下，以"四川省城镇空间结构优化研究"为选题，从宏观、中观和微观三个维度研究了四川城镇空间密度、城镇空间形态以及城镇空间规模和功能结构，探索了四川城镇空间结构优化的政府作用机制、市场配置资源机制和社会公众协调机制存在的问题，并结合当前四川省城镇化发展阶段和水平明确了城镇空间发展的原则、重点和优化内容等，提出了相应的对策建议。

## 9.1　主要结论

　　本书以四川行政区范围内的城镇空间密度、城镇空间地域和规模结构、城镇空间形态三条线索为出发点，围绕城镇空间结构优化的总体目标，以城镇空间结构基本理论为指导，构建了城镇空间结构优化内容及其指标体系，深入研究了城镇空间结构优化的政府作用机制、市场配置资源机制和社会公众协调机制，并以此展开对四川城镇空间总体格局、基本状况和城镇空间结构的实证研究，理顺了城镇空间结构优化调整的政府作用机制、市场配置资源机制和社会公众协调机制的关系和作用。本书研究的基本结论如下：

　　第一，成都市城镇空间分布场强值远高于其他地区，表现出明显的城镇空间集聚特征，是全省名副其实的核心城市，在2.5千米和125千米半径范围内，场强值逐步减小，城镇空间集聚趋势减弱。成都、自贡、南充和攀枝花作为成都平原城镇群、川南城镇群、川东北城镇群和攀西城镇群的中心城镇，对周边城镇的极化效应明显，城镇空间集聚特征不仅表现为城镇群内部的差异，也表现为城镇群之间的差异，成都平原城镇群已处于较为发达的成熟阶段，而攀西城镇群还停留在初级和雏形阶段。大多数城镇形成的场强值和集聚度随着空间距离、地域规模和密度的增加而降低，导致城镇空间联系和物质信息交流成本增加，需要通过增加交通干线缩小城镇之间的物理和空间距离，实现城镇资源要素的高效流动。

第二，通过对四川省城镇空间结构优化指标的功效值与协调度的分析，四川城镇空间结构总体上经历了中度失调、低度失调、弱度协调阶段，目前正处于低度协调阶段。在中度失调到弱度协调调之间，城镇空间结构优化指标呈现出"1+1>2"的正向溢出效应。而随着优化指标由弱度协调向低度协调推进的阶段，其速度开始降低，意味着随着时间积累，城镇结构优化演进的难度将会逐步增加，需要充分理顺城镇空间运行的机制障碍，促进城镇空间结构的有序推进。通过对各个核心指标的功效值和协调值的分析，有利于明确四川城镇空间结构现实格局所处的进程和阶段，有利于从整体上把握四川省城镇空间优化的重点内容和方向。

第三，通过对四川省城镇空间结构的空间计量的分析得出，城镇空间结构呈现出正向空间相关性，也就是空间依赖性，即城镇空间分布并不呈现出随机状态，而是呈现出一定的集聚现象，某个城镇的人口变动、交通网络的改善或者产业结构调整多会对周边城镇产生影响，特别是在涉及一些公共物品或者公共服务的供给问题上，可能由于彼此的"搭便车"思维，陷入公共物品供给短缺状态，从而制约城镇空间结构优化调整。因此需要从制度层面做好顶层设计，促进城镇资源要素的合理流动和公共物品的有效供给。

第四，通过对城镇空间结构优化机制的探索和梳理，认为四川省城镇空间结构优化主要受到政府作用机制、市场配置资源机制和社会公众协调机制的影响，其中政策引导与规划控制机制、政府投资与示范机制、产业集聚与转移机制等都对城镇空间结构优化起着关键作用，需要通过相应的机制设计，理顺阻碍四川省城镇空间结构优化发展的机制障碍，最终协调城镇空间运行主体的利益和矛盾，促进城镇空间结构优化发展。并结合市场配置资源机制和社会公众协调机制的资源配置和监督作用，促进大中小城镇之间的协调发展，从而推动新型城镇化建设和四川省"三大战略"的有效实施。

第五，四川省城镇空间结构的历史演变和总体格局主要受到不同城镇化阶段的影响，四川省城镇空间结构的快速变化主要发生在"十二五"规划以后，城镇规划、产业规划和土地利用规划等城镇发展规划更加重视产业在城镇空间的合理布局、城镇间的分工与协作以及城镇在城镇系统中的功能与作用。在新型城镇化快速推进的进程中，需要加强城镇节点、交通轴线和城镇域面的综合开发，实现城镇空间结构的优化调整。城镇节点要通过要素的自由流动，实现空间结构的"自组织发展"，从而确立优势，找准定位，通过大力拓宽资金来源、创新资本运行模式，大力发展交通轴线和交通网络，并通过构建优势互补、合理分工和相互衔接的城镇功能结构实现城镇域面的快速发展。并在此基础上，充分依靠改革红利释放活力，做好制度的顶层设计，努力实现构建以特大城市为核心、区域中心城市为支撑、中小城市和重点镇为骨干、小城镇为基础，布局合理、层次清晰的城镇空间格局的总体目标。

## 9.2  研究展望

四川省城镇空间结构优化是一个复杂的系统，由于受客观条件的限制，本书还存在诸多不足，会在今后的学习、生活中进一步完善，具体包括：第一，四川城镇空间结构演化的背景和阶段性特征，以及其每个阶段的城镇空间发展模式与特征等有待深入研究，通过对其演变历史与模式的深层次分析，既可以把握四川城镇空间结构优化的内在逻辑，又可以从动态发展的视角预测城镇空间结构发展的趋势和方向。第二，通过将四川省城镇空间结构发展演变与国内外典型区域城镇空间结构优化调整做一个横向对比，对其进行比较分析，找到城镇空间结构优化发展的共性和区别。通过挖掘四川资源禀赋条件和比较优势，创造有利于四川城镇空间结构优化的各种条件。第三，四川省城镇空间结构发展变化的区域特征尚待进一步研究，对成都平原城镇群、川南城镇群、川东北城镇群和攀西城镇群城镇空间结构发展的动力机制、模式以及相互关系做进一步研究，有利于细分不同类型城镇群发展的阶段性特征和主要矛盾，以便制定更加科学、合理的政策，以促进各大城镇群内部的城镇空间结构协调发展。然而，由于篇幅和作者的知识水平有限，仅能将这些问题先做一个简单的阐述，后续再进一步完善和研究，希望本书能够起到抛砖引玉的作用，促使研究者对城镇空间结构优化问题展开更为深入的研究。

# 参考文献

［1］何兴强，王利霞．中国 FDI 区位分布的空间效应研究［J］．经济研究，2008（11）：137-150.

［2］张炜．略论自然保护区生态旅游发展问题［J］．财经科学，2002（7）：386-387.

［3］张炜，张勇，刘嘉汉．文化产业投资及其政策研究［J］．中共成都市委党校学报，2013（3）：62-66.

［4］李后强．"三大发展战略"是科学发展观的重要体现［N］．四川日报，2013-05-24（6）.

［5］叶强，鲍家声．论城市空间结构及形态的发展模式优化——长沙城市空间演变剖析［J］．经济地理，2004，24（4）：480-484.

［6］廖婴露．成都市经济空间结构优化研究［D］．成都：西南财经大学，2009：52-64.

［7］ELIEL SAARINEN. The city: its growth, its decay, its future［M］. New York: Reinhold Publishing Corporation, 1994: 380.

［8］HARRIS C D, ULLMAN E L. The nature of cities［J］. The Annals of the American Academy of Political and Social Science, 1945, 242（1）: 7-17.

［9］GOTTMAN J MEGAOLOPLIS. The urbanized northeastern seaboard of the united states［M］. Cambridge: The MLT Press, 1961: 17-39.

［10］ULMAN E L. American commodity flow seattle［M］. Washington D. C.: University of Washington Press, 1957: 17-66.

［11］ARLINGHAUS S L, ARLINGHAUS S L. Fractals take a central place［J］. Geografiska Annaler, 1985, 67（2）: 83-88.

［12］BATTY M, LONGLY P A. The morphology of urban land use［J］. Planning and Design, 1988, 15: 461-488.

［13］NIJKAMP P, REGGIANI A. Dynamics spatial interaction models: new directions [J]. Environment and Planning, 1988, 20 (1): 1449-1460.

[14] 车前进, 段学军, 等. 长江三角洲地区城镇空间扩展特征及机制 [J]. 地理学报, 2011, 66 (4): 446-455.

[15] LYNCH K. Good city form [M]. Cambridge: MIT Press, 1981: 514.

[16] ALBRECHTS L, HEALEY P, KUNZMANN K R. Strategic spatial planning and regional governance in Europe [J]. Journal of the American Planning Association, 2003, 69 (2): 113-129.

[17] 陈田. 省域城镇空间结构优化组织的理论与方法 [J]. 城市问题, 1992 (2): 7-15.

[18] 沈玉芳. 产业结构演进与城镇空间结构的对应关系和影响要素 [J]. 世界地理研究, 2008, 17 (4): 17-25.

[19] 李松志, 张晓明. 欠发达山区城镇空间结构的优化研究——以粤北山区龙川县城为例 [J]. 城市发展研究, 2009, 16 (1): 60-63.

[20] 周可法, 吴世新. 基于 RS 和 GIS 技术下城镇空间变化分析及应用研究 [J]. 干旱区地理, 2002, 25 (1): 61-64.

[21] 谢守红. 湖南省的城镇空间布局 [J]. 城市问题, 2003 (2): 26-29.

[22] 杜宏茹, 张小雷. 近年来新疆城镇空间集聚变化研究 [J]. 地理科学, 2005, 25 (3): 268-273.

[23] 张国华, 李迅, 等. 引导城镇空间一体化统筹发展的区域综合交通规划 [J]. 城市规划学刊, 2009 (3): 64-68.

[24] 沈玉芳. 长三角地区城镇空间模式的结构特征及其优化和重构构想 [J]. 现代城市研究, 2011 (2): 15-23.

[25] 钟业喜, 尚正永. 鄱阳湖生态经济区城镇空间结构分形研究 [J]. 江西师范大学学报（自然科学版）, 2012, 36 (4): 436-440.

[26] 郑卫, 邢尚青. 我国小城镇空间碎化现象探析 [J]. 城市发展研究, 2012, 19 (3): 96-100.

[27] 陈涛, 李后强. 城镇空间体系的科赫（Koch）模式——对中心地学说的一种可能的修正 [J]. 经济地理, 1994, 14 (3): 10-14.

[28] 王凯. 50 年来我国城镇空间结构的四次转变 [J]. 城市规划, 2006, 30 (12): 9-14.

[29] 韦善豪, 覃照素. 广西沿海地区城镇空间格局及演化规律 [J]. 经济地理, 2006, 26 (12): 256-260.

[30] 唐亦功，王天航. 山西省小城镇空间分布的数字特点研究 [J]. 西北大学学报（自然科学版），2006，36（6）：996-999.

[31] 张国华，周乐. 高速交通网络构建下城镇空间结构发展趋势——从"中心节点"到"门户节点"[J]. 城市规划学刊，2011（3）：27-31.

[32] 贾百俊，李建伟. 丝绸之路沿线城镇空间分布特征研究 [J]. 人文地理，2012（2）：103-107.

[33] 高晓路，季珏，等. 区域城镇空间格局的识别方法及案例分析 [J]. 地理科学，2013（9）：1-9.

[34] 胡彬，谭琛君. 区域空间结构优化重组政策研究——以长江流域为例 [J]. 城市问题，2008（6）：7-12.

[35] 何伟. 基于协调度函数的区域城镇空间结构优化模型与实证 [J]. 统计与决策，2008（7）：47-50.

[36] 鲍海君，冯科. 从精明增长的视角看浙江省城镇空间扩展的理性选择 [J]. 中国人口·资源与环境，2009，19（1）：53-58.

[37] 陈存友，胡希军，等. 城郊型县域城镇空间结构优化策略——以长沙市望城县为例 [J]. 城市发展研究，2010，17（3）：51-55.

[38] 郭荣朝，苗长虹. 县域城镇空间结构优化重组研究——以河南省镇平县为例 [J]. 长江流域资源与环境，2010，19（10）：1144-1149.

[39] 李快满，石培基. 兰州经济区城镇空间组织结构优化构想 [J]. 干旱区资源与环境，2011，25（3）：8-14.

[40] 杨山，沈宁泽. 基于遥感技术的无锡市城镇形态分形研究 [J]. 国土资源遥感，2002（3）：41-44.

[41] 赵珂，向俊. 川渝小城镇形态的现代演化 [J]. 小城镇建设，2004（7）：84-88.

[42] 熊亚平，任云兰. 铁路运营管理机构与城镇形态的演变 [J]. 广东社会科学，2009（4）：104-111.

[43] 王建国，陈乐平. 苏南城镇形态演变特征及规律的遥感多时相研究 [J]. 城市规划汇刊，1996（1）：31-39.

[44] 阚耀平. 近代新疆城镇形态与布局模式 [J]. 干旱区地理. 2001，26（4）：321-326.

[45] 江昼. 苏南乡镇在经济转型升级过程中城镇空间形态发展定位研究 [J]. 生态经济，2011（9）：76-79.

[46] 朱建达. 我国镇（乡）域小城镇空间形态发展的阶段模式与特征研

究［J］. 城市发展研究，2010，19（12）：33-37.

［47］董大敏. 城市化战略中的城镇规模问题研究［J］. 云南社会科学，2005（4）：79-83.

［48］朱士鹏，毛蒋兴，等. 广西北部湾经济区城镇规模分布分形研究［J］. 广西社会科学，2009（1）：19-22.

［49］苏海宽，刘兆德，等. 基于分形理论的鲁南经济带城镇规模分布研究［J］. 国土与自然资源研究，2011（2）：76-78.

［50］周国富，黄敏毓. 关于我国城镇最佳规模的实证检验［J］. 城市问题，2007（6）：6-14.

［51］贺泽凯，戴宾. 四川县域空间结构及其增长极的培育［J］. 西南民族大学学报，2003，24（5）：103-105.

［52］廖婴露，焦翔. 四川省城市体系空间布局的演变探析［J］. 天府新论，2005（10）：69-70.

［53］戴宾. 改革开放以来四川区域发展战略的回顾与思考［J］. 经济体制改革，2009（1）：140-144.

［54］王彬彬. 四川产业分工与空间协同研究［J］. 经济体制改革，2010（6）：129-132.

［55］唐伟，钟祥浩. 成都都市圈县域经济时空差异及空间结构演变［J］. 长江流域资源与环境，2010，19（7）：722-736.

［56］张若倩. 成都市城市空间结构优化问题探索［D］. 成都：西南财经大学，2005：42-48.

［57］王青，陈国阶. 成都市城镇体系空间结构研究［J］. 长江流域资源与环境，2007，16（3）：280-283.

［58］李昌明. 都市圈框架下的四川经济空间结构演进研究［J］. 天府新论，2009（6）：70-73.

［59］许学强，周一星，等. 城市地理学［M］. 北京：商务印书馆，1997：19-20.

［60］孙桂平. 河北省城市空间结构演变研究［M］. 石家庄：河北科学技术出版社，2006：6-7.

［61］HARVEY. Social justice and the city.［M］. Georgia：University of Georgia Press，2010，14-18.

［62］FOLEY L D. An approach to metropolitan spatial structure in webber, exploration into urban structure［M］. Philadelphia：University of Pennsylvania

Press, 1964: 231.

[63] WEBBER M M. The urban place and the nonplace urban realm [M]. Philadelphia: University of Pennsylvania Press, 1964: 115.

[64] BERKE P, KAISER E J. Urban land use planning [M]. Illinois: University of Illinois Press, 2006: 188-190.

[65] HOWARD, EBNEZER. Organization and Environment [J]. Organization and Environment, 2003 (1): 98-107.

[66] Eliel Saarinen. The City: its growth, its decay, its future [M]. New York: Reinhold Publishing Corporation, 1943: 380.

[67] PARK R E, BURGESS E W. The growth of the city: an introduction to a research project [J]. The City, 1925: 49-60.

[68] HARRIS C D, ULLMAN E L. The nature of cities [J]. The Annals of the American Academy of Political and Social Science, 1945, 242 (1): 7-17.

[69] 王建国. 城市设计 [M]. 3 版. 南京: 东南大学出版社, 2011: 28-48.

[70] 许学强. 城市地理学 [M]. 2 版. 北京: 高等教育出版社, 2009: 241-242.

[71] DENNIS. The theory of industrial location [J]. Journal of Manchester, 1937 (2): 35-36.

[72] 勒施. 经济空间秩序 [M]. 商务印书馆编辑部, 译. 北京: 商务印书馆, 2010: 140.

[73] 史红燕. 结构调整与二元经济结构转换 [J]. 现代经济探索, 2002 (5): 13-15.

[74] RAINS, G, FEI J. A theory of economic development [J]. American Review, 1961, 51 (4): 533-565.

[75] HUFF D L. A Probabilistic analysis of shopping center trade areas [J]. Land Economics, 1963, 39 (1): 81-90.

[76] WILSON A G. A statistical theory of spatial distribution models [J]. Transportation Research, 1967, (1): 253-267

[77] 张炜, 廖婴露. 推进生态文明建设的理论思考 [J]. 经济社会体制比较, 2009 (3): 155-158.

[78] KRUGMAN P. Space: the final frontier [J]. Journal of Economic Perspectives, 1998, 12 (2): 161-174.

［79］FRIDMANN J. The world city hypothesis ［J］. Development and Change，1986（17）：69-84.

［80］FRIEDMANN J，WOLFF G. World city formation：anagenda for research and action ［J］. International Journal of Urban and Regional Research，1982（3）：309-344.

［81］魏后凯. 我国宏观区域发展理论评价 ［J］. 中国工业经济研究，1990（1）：76-80.

［82］丁成日. 国际卫星城发展战略的评价 ［J］. 城市发展研究，2007，12（2）：121-126.

［83］LUCAS R E. On the Mechanics of Economic Development ［J］. Journal of Monetary Economics，1988，22：3-42.

［84］陆铭，陈钊. 中国区域经济发展：回顾与展望 ［M］. 上海：格致出版社，2011：73.

［85］徐现祥，王贤彬，等. 地方官员与经济增长——来自中国省长、省委书记交流的证据 ［J］. 经济研究，2007（9）：18-31.

［86］沃纳·赫希. 城市经济学 ［M］. 刘世庆，等，译. 北京：中国社会科学出版社，1990：68-88.

［87］PORTER M E. The competitive advantage：creating and sustaining superior performance ［J］. New York：Free Press，1985：123-222.

［88］VERNON R. International investment and international trade in the product cycle ［J］. Quarterly Journal of Economics，1966，80：190-207.

［89］PEROUR F. The dorminant effect and modern economic theory ［J］. Social Research，1950，17（2）：188-206.

［90］LASUEN J R. Urbanization and development——the temporal interaction between geographical and sectoral clusters ［J］. Urban Studies，1973，10：163-188.

［91］郭红莲，王玉华. 城市规划公众参与系统结构及运行机制 ［J］. 城市问题，2007（10）：71-75.

［92］张毓峰，胡雯，阎星. 转轨时期中国城市区域的一体化发展——基于劳动空间分工及其协调机制的研究 ［J］. 经济社会体制比较，2007（5）：144-147.

［93］朱富强. 协调机制演进和企业组织的起源 ［J］. 学术月刊，2004（11）：46-54.

［94］费孝通. 乡土中国、生育制度（生育制度篇）［M］. 北京：北京大

学出版社，1998.

[95] 艾大宾. 我国城镇社会空间结构的演变历程及内在动因 [J]. 城市问题，2013 (1)：69-73.

[96] 马克思，恩格斯. 马克思恩格斯选集：第三卷 [M]. 北京：人民出版社，2009：336.

[97] 列宁. 列宁全集第二版：第 26 卷 [M]. 北京：人民出版社，1984：367.

[98] 鲁锐，张玉忠. 我国应尽快解决"候鸟式"移动问题 [J]. 黑龙江社会科学，2004 (5)：102-105.

[99] 刘生龙，胡鞍钢. 交通基础设施与中国区域经济一体化 [J]. 经济研究，2011 (3)：72-81.

[100] 马强，徐循初. "精明增长"策略与我国的城市空间扩展 [J]. 城市规划汇刊，2004 (3)：16-22.

[101] 顾朝林. 中国城镇体系——历史·现状·展望 [M]. 北京：商务印书馆，1992.

[102] 李震，顾朝林，姚士谋. 当代中国城镇体系地域空间结构类型定量研究 [J]. 地理科学，2006，26 (5)：544-550.

[103] 欧变玲. 空间滞后模型中 Moran's I 统计量的 Bootstrap 检验 [J]. 系统工程理论与实践，2010 (9)：1537-1544.

[104] FUJITA M，KRUGMAN P，VENABLE A J. The spatial economy：cities, regions, and international trade [M]. Cambridge：MIT Press，1999：17-68.

[105] BANISTER D，BERECHMAN J. Transport investment and economic development [M]. London：UCL Press，2000：29-187.

[106] 傅小随. 地区发展竞争背景下的地方行政管理体制改革 [J]. 管理世界，2003 (2)：38-47.

[107] 王贤彬，徐现祥. 地方官员更替与经济增长 [J]. 经济学 (季刊).2009，8 (4)：1301-1328.

[108] 宋勃，高波. 房价与地价关系的因果检验：1998—2006 [J]. 当代经济科学，2007 (1)：73-77.

[109] 张勇，刘学文. 充分发挥产业转移的积极作用 [N]. 人民日报 (理论版)，2012-10-18.

[110] 吴群，李永乐. 财政分权、地方政府竞争与土地财政 [J]. 财贸经济，2010 (7)：51-59.

［111］刘澈元，徐晓伟. 欠发达区域承接外资产业条件实证分析［J］. 经济地理，2012（7）：81-86.

［112］罗重谱. 顶层设计的宏观情境及其若干可能性［J］. 改革，2011（9）：12-17.

［113］刘军，黄解宇. 金融集聚影响实体经济机制研究［J］. 管理世界，2007（4）：152-153.

［114］石磊，王东波. 利益外部性和BOT模式的有效性［J］. 中国管理科学，2008，16（4）：120-125.

［115］踪家峰，李蕾，等. 中国地方政府间标尺竞争——基于空间计量经济学的分析［J］. 经济评论，2009（4）：5-12.

［116］徐现祥，王贤彬. 中国区域发展的政治经济学［J］. 世界经济文汇，2011（3）：26-57.

［117］张炜，廖婴露. 论产业集群内的中介组织［J］. 求索，2005（11）：24-25.

［118］孙咏梅. 我国经济增长中的矛盾与资源的有效配置［J］. 当代经济研究，2011（11）：37-41.

［119］王洪光. 收益递增、运输成本与贸易模式［J］. 经济学（季刊），2008，7（4）：1231-1246.

［120］燕继荣. 社区治理与社会资本投资［J］. 天津社会科学，2010（3）：59-64.

［121］李琳，韩宝龙. 地理邻近对产业集群创新影响效应的实证研究［J］. 中国软科学，2013（1）：167-175.